FUNDAMENTOS DE METODOLOGIA CIENTÍFICA

Dados Internacionais de Catalogação na Publicação (CIP)
(Câmara Brasileira do Livro, SP, Brasil)

Köche, José Carlos

Fundamentos de metodologia científica : teoria da ciência e iniciação à pesquisa / José Carlos Köche. 34. ed. – Petrópolis, RJ : Vozes, 2015.

Bibliografia.

7ª reimpressão, 2022.

ISBN 978-85-326-1804-7

1. Ciência – Metodologia 2. Pesquisa – Metodologia I. Título.

97-0917   CDD-501

Índices para catálogo sistemático:

1. Metodologia científica   501

José Carlos Köche

FUNDAMENTOS DE METODOLOGIA CIENTÍFICA

Teoria da ciência e iniciação à pesquisa

Petrópolis

© 1997, 2002, Editora Vozes Ltda.
Rua Frei Luís, 100
25689-900   Petrópolis, RJ
www.vozes.com.br
Brasil

Todos os direitos reservados. Nenhuma parte desta obra poderá ser reproduzida ou transmitida por qualquer forma e/ou quaisquer meios (eletrônico ou mecânico incluindo fotocópia e gravação) ou arquivada em qualquer sistema ou banco de dados sem permissão escrita da editora.

CONSELHO EDITORIAL

Diretor
Gilberto Gonçalves Garcia

Editores
Aline dos Santos Carneiro
Edrian Josué Pasini
Marilac Loraine Oleniki
Welder Lancieri Marchini

Conselheiros
Francisco Morás
Ludovico Garmus
Teobaldo Heidemann
Volney J. Berkenbrock

Secretário executivo
Leonardo A.R.T. dos Santos

Capa: AG.SR Desenv. Gráfico

ISBN 978-85-326-1804-7

Arte-final revista pelo autor.

Este livro foi composto e impresso pela Editora Vozes Ltda.

À Vanilda, minha esposa;
Ao Felipe, Rodolfo e Bruna, meus filhos.

SUMÁRIO

Lista das ilustrações, 13

Apresentação à décima quarta edição, 15

Apresentação à sétima edição, 17

Apresentação à primeira edição, 19

PRIMEIRA PARTE: TEORIA DA CIÊNCIA

1 O conhecimento científico, 23

 1.1 Conhecimento do senso comum, 23

  1.1.1 Solução de problemas imediatos e espontaneidade, 24

  1.1.2 Caráter utilitarista, 24

  1.1.3 Subjetividade e baixo poder de crítica, 25

  1.1.4 Linguagem vaga e baixo poder de crítica, 26

  1.1.5 Desconhecimento dos limites de validade, 27

 1.2 O conhecimento científico, 29

  1.2.1 Busca de princípios explicativos e visão unitária da realidade, 29

  1.2.2 Dúvida, investigação e conhecimento, 29

  1.2.3 Ideal da racionalidade e a verdade sintática, 31

  1.2.4 Ideal da objetividade e a verdade semântica, 32

  1.2.5 A verdade pragmática, 32

  1.2.6 Linguagem específica e poder de crítica, 33

  1.2.7 Historicidade dos critérios de cientificidade, 34

  1.2.8 Caráter hipotético do conhecimento científico, 36

 Leituras complementares, 38

2 Ciência e método: uma visão histórica, 41

2.1 Ciência: controle prático da natureza e domínio sobre os homens ou busca do saber?, 42

2.2 Ciência e método: suas concepções, 44

2.2.1 Ciência e método: a visão grega, 44

2.2.1.1 Os pré-socráticos, 44

2.2.1.2 A abordagem platônica, 45

2.2.1.3 Aristóteles: entendimento e experiência, 46

2.2.1.4 Ciência grega – a visão de universo, 47

2.2.2 Ciência e método: a abordagem da ciência moderna, 49

2.2.2.1 Bacon: indução e empirismo, 49

2.2.2.2 Galileu: o experimento e a revolução científica, 51

2.2.2.3 Newton: o método indutivo e o surgimento do positivismo, 54

2.2.2.4 O dogmatismo e o cientificismo da ciência moderna, 57

2.2.3 A visão contemporânea de ciência e método: a incerteza e a ruptura com o cientificismo, 58

2.2.3.1 Crítica do contexto de descoberta do método indutivo-confirmável, 61

2.2.3.2 Crítica do contexto de justificação (validação) do método indutivo, 65

2.2.4 A ciência contemporânea: o questionamento da possibilidade de um método, 67

2.2.4.1 O método científico hipotético-dedutivo, 69

2.2.4.2 O contexto de descoberta do método científico hipotético-dedutivo, 71

2.2.4.3 O contexto de justificação do método científico hipotético-dedutivo, 73

2.2.4.4 Ciência e não ciência: como demarcar?, 77

2.2.5 A aplicação do método científico: o estudo de um caso, 80

Leituras complementares, 86

3 Leis e teorias, 89

3.1 Natureza, objetivos e funções das leis e teorias, 90

3.2 As vantagens que oferecem as teorias, 96

3.3 O caráter hipotético das teorias, 99

Leituras complementares, 101

SEGUNDA PARTE: PRÁTICA DA PESQUISA

4 Problemas, hipóteses e variáveis, 105

4.1 A delimitação do problema de pesquisa, 106

4.2 A construção de hipóteses, 108

4.3 Níveis de hipóteses, 110

4.4 Variáveis: conceituação e tipos, 112

4.5 Conceitos e construtos, 115

4.6 Definições empíricas dos conceitos, 116

Leituras complementares, 119

5 O fluxograma da pesquisa científica, 121

5.1 Tipos de pesquisa, 122

5.2 O fluxograma da pesquisa, 126

5.2.1 Primeira etapa: a preparatória, 128

5.2.2 Segunda etapa: a elaboração do projeto de pesquisa, 133

5.2.3 Terceira etapa: a execução do plano, 134

5.2.4 Quarta etapa: a construção do relatório de pesquisa, 135

Leituras complementares, 136

6 A estrutura e a apresentação dos relatórios de pesquisa, 137

6.1 Tipos de relatórios de pesquisa científica, 137

6.2 A estrutura dos relatórios de pesquisa científica, 139

6.2.1 Elementos pré-textuais, 140

6.2.1.1 A folha de rosto, 140

6.2.1.2 Folha de aprovação, 142

6.2.1.3 Dedicatória, 142

6.2.1.4 Agradecimentos, 142

6.2.1.5 Abstract, 142

6.2.1.6 Sumário, 142

6.2.1.7 Lista de ilustrações, 142

6.2.2 Elementos textuais, 144

6.2.2.1 Introdução, 144

6.2.2.2 Desenvolvimento, 145

6.2.2.3 Conclusão, 146

6.2.2.4 Notas, 147

6.2.2.5 Citações, 147

6.2.3 Elementos pós-textuais, 147

6.2.3.1 Referências bibliográficas, 147

6.2.3.2 Apêndice, 147

6.2.3.3 Anexo, 148

6.3 O artigo científico: estrutura e apresentação, 148

Leitura complementar, 150

7 A apresentação dos relatórios de pesquisa: normas e orientações, 151

7.1 Distribuição do texto na folha, 151

7.1.1 Paginação, 151

7.1.2 Papel, margens e espacejamento, 151

7.1.3 Citações: forma de apresentação, 153

7.2 Referências bibliográficas: normas de apresentação, 156

7.2.1 Definições e localização, 156

7.2.2 Ordem dos elementos, 156

7.2.2.1 Obras monográficas, 157

7.2.2.2 Partes de obras monográficas sem autoria especial, 158

7.2.2.3 Partes de obras monográficas com autoria própria, 158

7.2.2.4 Publicações periódicas consideradas no todo, 159

7.2.2.5 Parte de publicações periódicas (seriados), 159

7.2.2.6 Artigos, etc. em revistas, 160

7.2.2.7 Artigos, etc. em jornais, 161

7.2.2.8 Acórdãos, decisões e sentenças das Cortes ou Tribunais, 161

7.2.2.9 Leis, decretos, portarias, etc., 162

7.3 Referências de fontes obtidas através de meios eletrônicos, 162

7.4 Documento de acesso exclusivo em meio eletrônico, 163

7.5 Referência de fontes de imagem em movimento (filmes, fitas de vídeo, DVD e outros), 164

7.6 Documento iconográfico, 164

7.7 Documento cartográfico, 165

7.8 Normas complementares e gerais de apresentação, 165

    7.8.1 Pontuação, 166

    7.8.2 Tipos e corpos, 167

    7.8.3 Autor, 167

        7.8.3.1 Pessoas físicas, 167

        7.8.3.2 Entidades coletivas, 168

    7.8.4 Título, 168

        7.8.4.1 Supressões no título, 169

        7.8.4.2 Acréscimos ao título, 169

        7.8.4.3 Títulos de seriados, 169

    7.8.5 Edição, 170

    7.8.6 Imprenta, 170

        7.8.6.1 Local de publicação, 170

        7.8.6.2 Editor, 170

        7.8.6.3 Data, 171

    7.8.7 Descrição física, 172

        7.8.7.1 Número de páginas ou volumes, 172

        7.8.7.2 Material especial, 172

        7.8.7.3 Ilustrações, 173

        7.8.7.4 Dimensões, 173

        7.8.7.5 Séries e coleções, 173

    7.8.8 Notas especiais, 173

        7.8.8.1 Documentos traduzidos, 173

    7.8.9 Lista ordenada de referências bibliográficas, 174

        7.8.9.1 Ordenação, 174

        7.8.9.2 Autor repetido, 174

        7.8.9.3 Título repetido, 175

        7.8.9.4 Remissivas, 175

Referências bibliográficas, 177

LISTA DAS ILUSTRAÇÕES

FIGURA 1 – Pensamento e realidade, 30

FIGURA 2 – Método científico indutivo-confirmável, 56

FIGURA 3 – Método científico hipotético-dedutivo, 70

FIGURA 4 – Limites das leis e teorias, 91

FIGURA 5 – Relação entre leis e teorias, 97

FIGURA 6 – Funções das leis e teorias, 100

FIGURA 7 – Relações entre as variáveis, 114

FIGURA 8 – Passagem dos conceitos às manifestações dos fenômenos, 116

FIGURA 9 – Fluxograma da pesquisa científica, 127

FIGURA 10 – Exemplo de folha de rosto: trabalhos científicos e relatórios de pesquisa, 140

FIGURA 11 – Exemplo de folha de rosto – anverso: Teses e dissertações, 141

FIGURA 12 – Exemplo de sumário, 143

FIGURA 13 – Modelo de página capitular, 152

FIGURA 14 – Modelo de página de continuação, 153

APRESENTAÇÃO À DÉCIMA QUARTA EDIÇÃO

A atribuição do rótulo *sociedade do conhecimento* a este final de século e início do próximo milênio deve-se a duas características que estão presentes de forma marcante e determinante nessa sociedade: o primeiro é que o conhecimento impregnou de forma total o processo decisório e as decisões sobre as ações humanas. O segundo é que esse conhecimento, por sua natureza revolucionária e dinâmica, desestabiliza e reconstrói de forma acelerada não apenas as decisões, mas também os critérios e os parâmetros desse processo decisório.

A primeira das características mostra que qualquer ação que é feita ou desenvolvida pelo homem é projetada sobre uma base teórica de conhecimentos. Não há mais espaços para improvisos mal pensados e mal estruturados que arriscam executar ações para ver no que dá. Não é apenas a sobrevivência de um negócio que está em jogo: é a sobrevivência da espécie humana, do planeta Terra e da vida. Desde o sucesso de um empreendimento comercial, de um plano governamental com suas políticas de desenvolvimento socioeconômico, da confecção de um produto tecnológico, da adoção de uma terapia que melhore a saúde física e mental humana, até a discussão dos projetos de qualidade de vida do homem e do planeta, o conhecimento está presente.

A segunda característica mostra que as decisões e o processo decisório são afetados profundamente pela velocidade acelerada com que se criam e substituem os conhecimentos. Essa característica é decorrente da natureza do conhecimento e dos fatores que interferem na sua produção e avaliação. A ciência é concebida, hoje, como um processo altamente criativo e crítico. Estamos muito longe do dogmatismo e do cientificismo. O conhecimento é visto como algo que está sendo continuamente revisto, reconstruído. Não há resultado pronto, acabado. Não há verdades inquestionáveis. Não há procedimentos de investigação indiscutíveis. Não há provas evidentes fornecidas por experimentos cruciais conclusivos. A produção do conhecimento é um projeto humano, que exige superação de limites do já imaginado e que se enriquece no processo crítico e polêmico que se instaura na intromissão da rede do pluralismo teórico.

O processo decisório das ações humanas está sendo gradativa e aceleradamente impregnado, embebido, desse espírito científico crítico-criativo que domina a ciência contemporânea, distante das concepções cientificistas e tecnicistas decorrentes do positivismo e empiricismo que ainda teimam em ter uma sobrevida.

Viver em uma sociedade do conhecimento requer que se esteja instrumentalizado para vivenciar esse espírito científico. Esta obra tem presente esse fim, principalmente junto ao aluno de cursos de graduação e pós-graduação. Como fonte de instrumentalização didática, ela não é um manual que prega receitas ou fórmulas mecânicas de desenvolvimento do conhecimento através de procedimentos metodológicos mágicos. Esta ilusão não existe. A investigação científica requer atividade imaginativa para repensar o já pensado, uso da intuição e revisão teórica e crítica do já produzido através do diálogo com as teorias e investigadores e do diálogo com a natureza, no sentido galileano. Por isso esta obra trata da pesquisa não de forma isolada enquanto mero procedimento, mas fundamentada em uma crítica epistemológica que tem como pano de fundo a história da ciência. Nesse sentido ela se apresenta como uma proposta questionadora da ciência e dos seus processos de investigação.

Isso justifica a divisão do livro em duas partes: a primeira, que trata da *teoria da ciência*, abrangendo a análise dos aspectos pertinentes à natureza do conhecimento científico, da ciência, do método e das teorias; a segunda que aborda a *prática da pesquisa* com o seu planejamento e execução, incluindo as questões pertinentes ao problema de investigação, uso dos referenciais teóricos, construção e avaliação das hipóteses, projetos de pesquisa, elaboração, estrutura e apresentação de trabalhos científicos.

Esta edição, totalmente reescrita, revisa e amplia as edições anteriores aprofundando o questionamento de alguns aspectos pertinentes tanto à teoria da ciência quanto à prática da pesquisa.

José Carlos Köche, janeiro de 1997.

APRESENTAÇÃO À SÉTIMA EDIÇÃO

O sistema educacional vigente, no que tange ao espírito de ministrar os conhecimentos, remonta ao século XVII. Nessa época a ciência era encarada como um conjunto de conhecimentos certos e verdadeiros. O conhecimento científico era o constatado e comprovado experimentalmente. O progresso da ciência era visto como o acúmulo progressivo de teorias e leis que iam se superpondo umas às outras. Era um progresso linear, contínuo, sem retorno, fundamentado em verdades cada vez mais estabelecidas, confirmadas definitivamente.

Em contrapartida, o conhecimento não científico era aquele sobre o qual não se poderia acumular provas que demonstrassem sua veracidade. Esse conhecimento, questionável, duvidoso, deveria ser eliminado daquilo que se chamava ciência, pois a ciência não era vista como produto do espírito humano, produto da imaginação criativa dos pesquisadores. A ciência era produto da constatação de determinadas leis, observadas e extraídas da realidade. A imaginação criativa atrapalhava a correta visão da realidade e, portanto, deveria ser eliminada por quem quisesse ter uma atitude "científica". Fazer ciência era assumir uma atitude passiva, de espectador da realidade.

O sistema educacional absorveu essa concepção de ciência e assimilou o seu dogmatismo. Em relação ao conhecimento, as escolas e os professores se especializaram em ser os transmissores das verdades "comprovadas" da ciência, ou melhor: em ser os pregadores das doutrinas científicas. Os próprios manuais e compêndios utilizados se encarregam muitas vezes de mostrar e demonstrar as teorias científicas como um conhecimento pronto, acabado, inquestionável.

Sabemos, no entanto, que a ciência evoluiu. Evoluiu não de uma forma linear, mas sim de uma forma revolucionária, quebrando o dogmatismo de suas teorias e modificando drasticamente a noção de ciência e a própria noção de verdade.

Dentro das reformas radicais que sofreu a ciência no início do nosso século pode-se destacar: as explicações científicas não são um mero produto das observações empíricas, mas projeções do espírito humano, de sua imaginação criativa; essas projeções são profundamente influenciadas pela cultura e ideologia do pesquisador, não havendo, portanto, uma objetividade pura desvinculada da subjetividade humana; o progresso científico não se faz pelo acúmulo de teorias estabelecidas, mas pelo derrubamento de teorias rivais que competem entre si, isto é, há uma constante revolução na ciência, ocasionada pela polêmica em torno das teorias; a atitude científica não está em tentar comprovar teorias, mas em tentar localizar os erros de suas teorias utilizando procedimentos críticos; a ciência não parte da observação dos fatos, mas da problematização teórica da realidade; o método científico não é prescritivo, mas crítico; não há uma única forma de desenvolver a ciência, não há um único método de investigação; a verdade não é uma equivalência estática, mas uma aproximação produzida por uma busca constante.

Apesar de a natureza da ciência ter evoluído, a escola continua a ensinar conhecimentos prontos, cultivando uma ciência imóvel, onde os acréscimos são apenas continuação do que já estava estabelecido. O professor se transformou em um "auleiro", transmissor de verdades estáticas. Está tão enraizada essa forma de desenvolver o ensino, que o próprio aluno reclama quando não recebe informações esquematizadas, apontando para a resposta correta. E o bom professor é aquele que consegue dar esse espetáculo de ilusionismo: demonstrar como verdadeiro e imutável o saber que está em permanente revolução.

O objetivo desse livro não é dar conceitos simplificados sobre ciência, métodos, leis, teorias e processos de investigação. O seu objetivo é conduzir a um questionamento. Seu objetivo não é o de se transformar em um manual, mas o de ser um roteiro que desperte para a reflexão e crítica dos temas propostos e para a leitura e análise da bibliografia complementar.

Sendo a universidade a "casa do saber", é notório que ela seja o centro por excelência do desenvolvimento do espírito crítico científico. Mas, para isso, deve-se não só estar instrumentalizado para a pesquisa, mas, principalmente, consciente do espírito científico atual.

José Carlos Köche, fevereiro de 1982.

APRESENTAÇÃO À PRIMEIRA EDIÇÃO

A compreensão atual de ciência, como um processo crítico de reconstrução permanente do saber humano, requer uma concepção de ensino e aprendizagem compatíveis com essa compreensão. O ensino deverá ser a preparação acadêmica e exercício da busca do saber.

Sendo a universidade a "casa" do saber, é notório que ela seja o centro por excelência do desenvolvimento do espírito crítico científico. Mas, para isso, deve-se não só estar instrumentalizado para a pesquisa, mas, principalmente, consciente do espírito científico atual.

Com esse objetivo é que se propõe neste trabalho a análise dos temas que enfocam os aspectos principais da ciência, como a sua natureza, as suas teorias, as suas leis, métodos e processos de investigação.

Este trabalho pretende ser apenas um roteiro que desperte para a reflexão dos temas propostos, orientando para uma bibliografia complementar.

José Carlos Köche, dezembro de 1977.

PRIMEIRA PARTE: TEORIA DA CIÊNCIA

1 O CONHECIMENTO CIENTÍFICO

> [...] o espírito científico é essencialmente uma retificação do saber, um alargamento dos quadros do conhecimento. Julga seu passado histórico, condenando-o. Sua estrutura é a consciência de suas faltas históricas. Cientificamente, pensa-se o verdadeiro como retificação histórica de um longo erro, pensa-se a experiência como a retificação da ilusão comum e primeira. Toda a vida intelectual da ciência move-se dialeticamente sobre este diferencial do conhecimento, na fronteira do desconhecido. A própria essência da reflexão é compreender que não se compreendera (BACHELARD, 1968, p. 147-148).

O homem é um ser jogado no mundo, condenado a viver a sua existência. Por ser existencial, tem que interpretar a si e ao mundo em que vive, atribuindo-lhes significações. Cria intelectualmente representações significativas da realidade. A essas representações chamamos conhecimento.

O conhecimento, dependendo da forma pela qual se chega a essa representação significativa, pode ser, em linhas gerais, classificado em diversos tipos: mítico, ordinário, artístico, filosófico, religioso e científico.

As duas formas que estão mais presentes e que mais interferem nas decisões da vida diária do homem são o conhecimento do senso comum e o científico. Por isso eles serão objeto dessa análise.

1.1 CONHECIMENTO DO SENSO COMUM

A forma mais usual que o homem utiliza para interpretar a si mesmo, o seu mundo e o universo como um todo, produzindo interpretações significativas, isto é, conhecimento, é a do senso comum, também chamado de conhecimento ordinário, comum ou empírico.

1.1.1 Solução de problemas imediatos e espontaneidade

Esse conhecimento surge como *consequência da necessidade de resolver problemas imediatos*, que aparecem na vida prática e decorrem do contato direto com os fatos e fenômenos que vão acontecendo no dia a dia, percebidos principalmente através da percepção sensorial. Na idade pré-histórica, por exemplo, o homem soube fazer uso das cavernas para abrigar-se das intempéries e proteger-se da ameaça dos animais selvagens. Progressivamente foi aprendendo a dominar a natureza, inventando a roda, meios mais eficazes de caça e de pesca, tais como lanças, redes e armadilhas, canoas para navegar nos lagos e rios, instrumentos para o cultivo do solo e tantos outros. O uso da moeda, o carro puxado por animais, o uso de remédios caseiros utilizando ervas hoje classificadas como medicinais, os instrumentos artesanais utilizados para a construção de moradias e para a confecção de tecidos e do vestuário, a fabricação de utensílios domésticos, o estabelecimento de normas e leis que regulamentavam a convivência dos indivíduos no grupo social, são exemplos que demonstram como o homem evoluiu historicamente buscando e produzindo um conhecimento útil gerado pela necessidade de produzir soluções para os seus problemas de sobrevivência.

O conhecimento do senso comum, sendo resultado da necessidade de resolver os problemas diários, não é, portanto, antecipadamente programado ou planejado. À medida que a vida vai acontecendo ele se desenvolve, seguindo a ordem natural dos acontecimentos. Nele, há uma tendência de manter o sujeito que o elabora como um espectador passivo da realidade, atropelado pelos fatos. Por isso, o conhecimento do senso comum caracteriza-se por ser elaborado de forma *espontânea e instintiva*. No dizer de Buzzi (1972, p. 46-47) "... é um conhecer e um representar a realidade tão colado, tão solidário à própria realidade, que o homem quase não se distancia dela; é quase pura vida, de modo que, tomado isolado do processo da vida [...] de quem o elaborou, resulta incôngruo, descabido, alógico. [...] É um viver sem conhecer". Isso demonstra que esse conhecimento é, na maioria das vezes, vivencial e, por isso, ametódico.

1.1.2 Caráter utilitarista

Esse conhecimento permanece num nível superficialmente consciencial, sem um aprofundamento crítico e racionalista. Sendo um *viver sem conhecer* significa que o senso comum, quando busca informações e elabora soluções para os seus problemas imediatos, não especifica as razões ou fundamentos teóricos que demonstram ou justificam o seu uso, possível correção ou confiabilidade, por não compreender e não saber explicar as relações que há entre os fenômenos. No senso comum se utiliza, geralmente, conhecimentos que funcionam razoavelmente bem na solução dos problemas imediatos, apesar de não se compreender ou de se desconhecer as explicações a respeito de seu sucesso. Esses conhecimentos, pelo fato de darem certo, transformam-se em convicções, em crenças que são repassadas de um indivíduo para o outro e de uma geração para a outra. Há quanto tempo o homem usa ervas medicinais para a cura de suas doenças? Usa-as há séculos. A marcela, por exemplo, é utilizada para aliviar os males do estômago, digestão, tosse e outros fins. Se se perguntar, no entanto, às pessoas que a usam quais as propriedades que a marcela tem, que componentes químicos estão presentes e como eles atuam no organismo, que doses devem ser ingeridas, que possíveis efeitos colaterais podem advir com o seu uso indiscriminado, dificilmente alguém saberá responder. Sabem que "faz bem", mas não sabem por quê. O açúcar cristal, utilizado para a cicatrização de ferimentos, é também outro exemplo. Ninguém, a não ser quem tenha obtido alguma informação de fonte científica, sabe dizer por que ele tem esse poder bactericida e cicatrizante altamente eficaz. Na maioria dos casos as pessoas conhecem apenas os efeitos benéficos do seu uso. Semelhantes a esses exemplos, milhares de outros poderiam ser citados, mostrando um conhecimento que valoriza a percepção sensorial, fundamentado na tradição e limitado a informações pertinentes ao seu uso.

1.1.3 Subjetividade e baixo poder de crítica

O conhecimento do senso comum tem uma objetividade muito superficial e limitada por estar demasiadamente preso à vivência, à ação e à percepção orientadas pelo interesse prático imediatista e pelas crenças pessoais. Os aspectos da realidade ou dos fatos que não se enquadram dentro desse enfoque de interesse utilitário, geralmente são excluídos, ocasionando uma visão fragmentada e, alguma vezes, distorcida dessa realidade. É um conhecimento que está subordinado a um envolvimento afetivo e emotivo do sujeito que o elabora, permanecendo preso às propriedades individuais de cada coisa ou fenômeno, quase não estabelecendo, em suas interpretações, relações significativas que possam existir entre eles. Essas interpretações do senso comum são predeterminadas pelos interesses, crenças, convicções pessoais e expectativas presentes no sujeito que as elabora, fazendo com que as explicações e informações produzidas tenham um forte vínculo subjetivo que estabelece relações vagas e superficiais com a realidade. Dessa forma não consegue sistematicamente buscar provas e evidências que as testem criticamente. No senso comum, a revisão e a crítica dessas crenças acontecem apenas quando "evidências espontâneas proporcionam uma correção da interpretação anterior, permanecendo acrítico enquanto tal não ocorrer" (BUNGE, 1969, p. 20).

O motivo mais sério, portanto, que faz com que o conhecimento do senso comum se torne subjetivo e inseguro, é essa incapacidade de se submeter a uma crítica sistemática e isenta de interpretações sustentadas apenas nas crenças pessoais.

Duas são as dificuldades que geram essa incapacidade e que merecem uma análise.

1.1.4 Linguagem vaga e baixo poder de crítica

A primeira, apontada por Nagel (1978, p. 20-23) se refere à indeterminação da linguagem presente no conhecimento do senso comum. A linguagem utilizada no conhecimento do senso comum contém termos e conceitos vagos, que não delimitam a classe de coisas, ideias ou eventos designados e não designados por eles, ou o que é incluído ou excluído na sua significação. Os termos são utilizados por diferentes sujeitos sem haver previamente uma definição clara e consensual que especifique as condições desse uso. Como é que se atribui, então, um conceito a um determinado fato, fenômeno, objeto ou ideia? A significação dos conceitos, no senso comum, é produto de um uso individual e subjetivo espontâneo que se enriquece e se modifica gradualmente em função da convivência num determinado grupo. As palavras adquirem sentidos diferenciados de acordo com as pessoas e grupos por quem forem utilizadas. Não há, portanto, condições ou limites convencionais definidos especificamente para a validade de seu uso. A significação dos termos fica dependente do uso em um dado momento ou contexto, do nível cultural e da intenção significativa de quem os utiliza. Observe-se, por exemplo, o que significa a palavra *marginal* no seu uso diário: algumas vezes é empregada para indicar o vagabundo que não trabalha; outras o moleque que fica fazendo desaforos ao vizinho; outras ainda o ladrão, o assaltante, o viciado em tóxicos, o bêbado ou o assassino. Dependendo das circunstâncias de seu uso, adquire uma ou outra conotação.

Essa vaguidade, essa falta de especificidade da linguagem que dificulta a delimitação da significação dos conceitos, impossibilita a realização de experimentos controlados que permitam estabelecer com clareza quais manifestações dos fatos ou fenômenos se transformam em evidências que contrariam ou que corroboram determinado juízo de uma crença, uma vez que não estão explicitadas quais manifestações empíricas dos fatos ou dos fenômenos lhe são atribuídos.

Observe-se, no exemplo relatado por Nagel (1968), a afirmação: "*a água quando esfriada suficientemente, se torna sólida*". No senso comum a palavra *água* tem um significado muito amplo. Pode-se indicar, dependendo do contexto e uso, a água da chuva, do mar, dos rios, o orvalho, o líquido de uma fruta, o suor que escorre pela testa e, genericamente, outros líquidos que aparecerem com identificação indefinida. Além disso, o termo *suficientemente* é impreciso nos limites de sua significação e quantificação empírica. Até quantos graus centígrados deverá chegar o esfriamento da água para ser considerado *suficiente*? $+2°, 0°, -15°$ ou $-50°$? O enunciado acima, portanto, não especifica com precisão nem o que se entende por água e nem a quantificação do grau de esfriamento que deverá apresentar. A que tipo de teste e em que condições de testagem deve ser submetido esse enunciado para fornecer informações empíricas que sirvam para lhe atribuir valor de falsidade ou de veracidade? Qualquer que seja o resultado da testagem jamais haverá respostas falseadoras dos dados empíricos porque sempre se poderá afirmar que ainda não foi esfriada *suficientemente.*

No senso comum, portanto, a *vaguidade da linguagem* utilizada[1] conduz a um *baixo poder de discriminação* entre os confirmadores e os falseadores potenciais de seus enunciados. Torna-se, assim, difícil, quase impossível, o controle e a avaliação experimental.

A utilização, por cada indivíduo, dessa linguagem vaga com significações imprecisas e arbitrárias e atreladas ao seu uso cultural, resulta em outra grande dificuldade, que reforça o caráter subjetivo do senso comum: a da *impossibilidade de diálogo crítico* que avalia o valor das convicções subjetivas e que proporciona o caminho para o consenso. A ausência de um acordo, que dê uma significação comum à linguagem utilizada, não permite que os interlocutores saibam se estão ou não se referindo ao mesmo objeto quando dialogam, mantendo-os num permanente isolamento subjetivo. A objetividade, no entanto, requer, retomando a sua definição kantiana, a possibilidade de um enunciado submeter-se a uma discussão crítica, de proporcionar o controle racional mútuo. A objetividade deve oferecer ao sujeito a oportunidade de desvencilhar-se da convicção subjetiva expondo-a à crítica intersubjetiva (POPPER, 1975, p. 46) em busca de um acordo consensual. Isso não acontece no senso comum.

O poder de revisão e de crítica objetiva do senso comum, portanto, é muito fraco, contribuindo para elevar a sua dependência das crenças e convicções pessoais, restringindo-o a uma subjetividade significativa. Por isso, pelo baixo poder de crítica que dificulta a localização de possíveis falhas, as crenças do senso comum são aceitas por longos períodos de tempo e apresentam uma durabilidade e estabilidade muitas vezes superior às da própria ciência.

1.1.5 Desconhecimento dos limites de validade

A segunda dificuldade que demonstra a incapacidade crítica do senso comum diz respeito à *inconsciência dos limites de validade* das suas crenças.

---

1. É interessante analisar a linguagem utilizada nos horóscopos.

O conhecimento do senso comum é útil, eficaz e correto quando as informações acumuladas pela tradição aplicam-se ao mesmo tipo de fatos que se repetem e se transformam em rotina e quando as condições e fatores determinantes desses fatos forem constantes. Muitas vezes, no senso comum, apesar de se modificarem as condições determinantes de um fato, continua-se ingenuamente a utilizar as mesmas técnicas, procedimentos e conhecimentos. Esse uso indiscriminado deve-se ao fato de não saber distinguir e precisar os limites que circunscrevem a validade de suas crenças, por desconhecer as razões que justificam tanto o êxito quanto o insucesso de sua aplicabilidade. Na maioria das vezes as técnicas e as informações são utilizadas desconhecendo as razões que justificam a sua correta aplicação ou aceitação[2]. A eficiência e o êxito no desempenho dos conhecimentos do senso comum são elevados para aquelas situações que se repetem com um padrão regular. Fica-se, porém, sem saber explicar as causas do insucesso ao se modificarem algumas de suas circunstâncias ou condições.

Se analisarmos os enunciados do conhecimento do senso comum, verificaremos que se referem à *experiência imediata* sobre fatos ou fenômenos observados[3]. Esse tipo de conhecimento possui grandes limitações. Por ser *vivencial*, preso a convicções pessoais e desenvolvido de forma *espontânea*, torna-se na maioria das vezes impreciso ou até mesmo incoerente. Gera crenças arbitrárias com uma pluralidade de interpretações para a multiplicidade de fenômenos. Essa pluralidade é fruto do viés *utilitarista e imediatista*, voltado para assuntos e fatos de interesse prático e com validade aplicável somente às áreas de experiência rotineira. O conhecimento do senso comum não proporciona uma visão global e unitária da interpretação dos fenômenos. É um conhecimento *fragmentado*, voltado à solução dos interesses pessoais, limitado às *convicções subjetivas*, com um *baixo poder de crítica* e, por isso, com tendências a ser *dogmático*. Apesar da grande utilidade que apresenta na *solução dos problemas diários* ligados à sobrevivência humana, ele mantém o homem como *espectador demasiadamente passivo da realidade*, com um baixo poder de interferência e controle dos fenômenos.

---

2. Observe-se, como exemplo, com que critérios ou em que circunstâncias o agricultor leigo, sem conhecimento técnico, utiliza o sistema de poda, enxerto, adubação, e relação do plantio com as fases da lua. Pode-se também constatar de que forma as pessoas, a partir da tradição, utilizam o açúcar cristal na cicatrização dos ferimentos e como fazem a previsão do tempo pela coloração do céu ao amanhecer ou anoitecer.

3. Exemplos: *"O chá de mel e guaco faz bem para a tosse". "Irá chover, pois o tempo está muito úmido e o céu nublado". "Quando os sapos cantam (coaxam) no banhado, chove".*

1.2 O CONHECIMENTO CIENTÍFICO

1.2.1 Busca de princípios explicativos e visão unitária da realidade

O conhecimento científico surge da necessidade de o homem não assumir uma posição meramente passiva, de testemunha dos fenômenos, sem poder de ação ou controle dos mesmos. Cabe ao homem, otimizando o uso da sua racionalidade, propor uma forma *sistemática, metódica* e *crítica* da sua função de *desvelar* o mundo, compreendê-lo, explicá-lo e dominá-lo.

O que impulsiona o homem em direção à ciência é a *necessidade de compreender a cadeia de relações* que se esconde por trás das aparências sensíveis dos objetos, fatos ou fenômenos, captadas pela percepção sensorial e analisadas de forma superficial, subjetiva e a crítica pelo senso comum. O homem quer ir além dessa forma de ver a realidade imediatamente percebida e *descobrir os princípios explicativos* que servem de base para a compreensão da organização, classificação e ordenação da natureza em que está inserido. Não é a simples organização ou classificação que caracterizam um conhecimento científico, mas a organização e classificação sustentadas em princípios explicativos. O catálogo de um bibliotecário, como cita Nagel (1968, p. 17), é um trabalho de grande valor e utilidade, sem, contudo, poder ser chamado de ciência.

Através desses princípios, a realidade passa a ser percebida pelos olhos da ciência não de uma forma desordenada, esfacelada, fragmentada, como ocorre na visão subjetiva e a crítica do senso comum, mas sob o enfoque de um critério orientador, de um princípio explicativo que esclarece e proporciona a compreensão do tipo de relação que se estabelece entre os fatos, coisas e fenômenos, unificando a visão de mundo. Nesse sentido, o conhecimento científico é expresso sob a forma de enunciados que explicam as condições que determinam a ocorrência dos fatos e dos fenômenos relacionados a um problema, tornando claros os esquemas e sistemas de dependência que existem entre suas propriedades.

1.2.2 Dúvida, investigação e conhecimento

O conhecimento científico é um produto resultante da investigação científica. Surge não apenas da necessidade de encontrar soluções para problemas de ordem prática da vida diária, característica essa do conhecimento do senso comum, mas do desejo de fornecer explicações sistemáticas que possam ser testadas e criticadas através de provas empíricas e da discussão intersubjetiva. É produto, portanto, da necessidade de alcançar um conhecimento "seguro". Pode surgir, como problema de investigação, também das experiências e crenças do senso comum, mesmo que muitas vezes se refira a fatos ou fenômenos que vão além da experiência vivencial imediata.

A investigação científica se inicia quando se descobre que os conhecimentos existentes, originários quer das crenças do senso comum, das religiões ou da mitologia, quer das teorias filosóficas ou científicas, são insuficientes e impotentes para explicar os problemas e as dúvidas que surgem. A investigação científica é a construção e a busca de um saber que acontece no momento em que se reconhece a ineficácia dos conhecimentos existentes, incapazes de responder de forma consistente e justificável às perguntas e dúvidas levantadas. É o reconhecimento das limitações existentes no saber já estabelecido e da necessidade de produzi-lo para esclarecer e proporcionar a compreensão de uma dúvida. Nesse sentido, iniciar uma investigação científica é reconhecer a crise de um conhecimento já existente e tentar modificá-lo, ampliá-lo ou substituí-lo, criando um novo que responda à pergunta existente.

A investigação científica se inicia, portanto, *(a)* com a identificação de uma *dúvida,* de uma pergunta que ainda não tem resposta; *(b)* com o reconhecimento de que o *conhecimento existente é insuficiente* ou inadequado para esclarecer essa dúvida; *(c)* que é necessário *construir uma resposta* para essa dúvida e *(d)* que ela ofereça provas de *segurança* e de *confiabilidade* que justifiquem a crença de ser uma boa resposta (de preferência, que seja correta)[4].

O conhecimento científico, na sua pretensão de construir uma resposta segura para responder às dúvidas existentes, propõe-se atingir dois ideais: o **ideal da racionalidade e o ideal da objetividade**.

O esquema a seguir, proposto por Moles (1971, p. 53), com adaptações, auxiliará a compreensão desses ideais:

FIGURA 1 – Pensamento e realidade

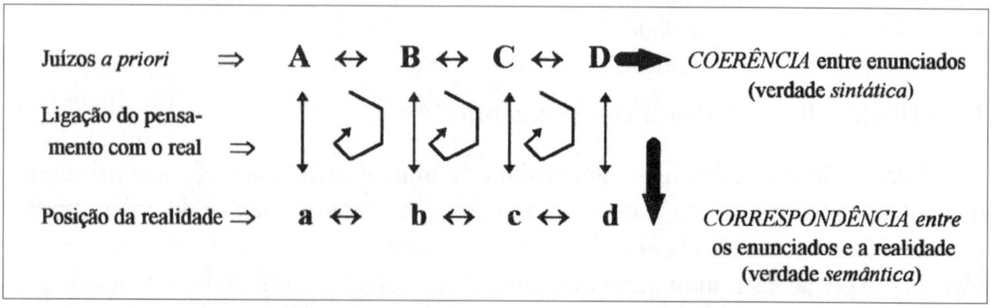

---

4. Ver exemplos de Galileu, Newton e Einstein. Que problemas desencadearam as suas investigações?

No plano horizontal, dos juízos *a priori*, cria-se um encadeamento de enunciados que tendem a ser coerentes entre si, dentro de um processo lógico e racional. No plano vertical, que liga o pensamento com a realidade, busca-se a correspondência desses enunciados com a realidade fenomenal. O conhecimento é o produto do encadeamento desses dois planos, "pela oscilação cíclica do espírito entre tais juízos e a posição da realidade fenomenal" (MOLES, 1971, p. 552).

1.2.3 Ideal da racionalidade e a verdade sintática

O *ideal da racionalidade* está em atingir uma sistematização coerente do conhecimento presente em todas as suas leis e teorias. O conhecimento das diferentes teorias e leis se expressa formalizado em enunciados que, confrontados uns com os outros, devem apresentar elevado nível de consistência lógica entre suas afirmações. O princípio da não contradição requer que se corrija ou elimine as contradições que porventura existam entre as diferentes explicações que compõem o corpo de conhecimentos, quer seja numa determinada área ou entre diferentes áreas de conhecimento. A ciência, no momento em que sistematiza as diferentes teorias, procura uni-las estabelecendo relações entre um e outro enunciado, entre uma e outra lei, entre uma e outra teoria, entre um e outro campo da ciência, de forma tal que se possa, através dessa visão global, perceber as possíveis inconsistências e corrigi-las.

Essa verificação da coerência lógica entre os enunciados, ou entre teorias e leis, é um dos mecanismos que fornece um dos padrões de aceitação ou rejeição de uma teoria pela comunidade científica: os padrões da *verdade sintática*. Os enunciados científicos devem estar isentos de ambiguidade e de contradição lógica. É uma das condições necessárias, embora não suficiente. Esse critério de verdade refere-se exclusivamente à forma da dos enunciados e serve para avaliar o acordo que existe entre as diferentes teorias utilizadas pela comunidade científica, permitindo o seu diálogo intersubjetivo e possível consenso. No plano sintático não se decide conclusivamente sobre a falsidade ou veracidade a respeito do conteúdo empírico de um enunciado. Apenas se verifica o grau de logicidade interna ou externa que possui e até que ponto suas afirmações concordam ou discordam de outras, principalmente do paradigma dominante[5].

---

5. Compare-se, como exemplo, as divergências que há entre o modelo cosmológico geocêntrico, com a Terra imóvel, finito e fechado de Aristóteles, o heliocêntrico, com a Terra girando em torno do seu próprio eixo, não fechado e finito de Galileu e o totalmente aberto, com centro desconhecido, sem limites e em expansão, decorrente das teorias de Einstein. Veja-se o desacordo que há entre as concepções de tempo e espaço absolutos de Aristóteles e Galileu e a relatividade de tempo e espaço de Einstein.

1.2.4 Ideal da objetividade e a verdade semântica

O *ideal da objetividade*, por sua vez, pretende que as teorias científicas, como modelos teóricos representativos da realidade, sejam construções conceituais que representem com fidelidade o mundo real, que contenham imagens dessa realidade que sejam "verdadeiras", evidentes, impessoais, passíveis de serem submetidas a testes experimentais e aceitas pela comunidade científica como provadas em sua veracidade. Esse é o mecanismo utilizado para avaliar a *verdade semântica*.

A objetividade do conhecimento científico se fundamenta em dois fatores, interdependentes entre si: *(a)* a possibilidade de um enunciado poder ser *testado* através de provas fatuais e *(b)* a possibilidade dessa testagem e seus resultados poderem passar pela avaliação *crítica intersubjetiva* feita pela comunidade científica.

1.2.5 A verdade pragmática

A ciência exige o confronto da teoria com os dados empíricos, exige a verdade semântica, como um dos mecanismos utilizados para justificar a aceitabilidade de uma teoria. Esse fator, por si só, porém, não garante a objetividade do conhecimento científico. Apesar de a ciência trabalhar com dados, provas fatuais, ela não fica isenta de erros de interpretação dessas provas. Por mais que se esforce, o cientista, o investigador, estará sempre sendo influenciado por uma ideologia, por uma visão de mundo, pela sua formação, pelos elementos culturais e pela época em que vive. Há uma expectativa que orienta a sua visão de mundo e a busca de explicações. Para minimizar os possíveis erros decorrentes de uma expectativa subjetiva é que a ciência exige a intersubjetividade, isto é, a possibilidade de a comunidade científica ajuizar consensualmente sobre a investigação, seus resultados e métodos utilizados. A intersubjetividade é o terceiro mecanismo utilizado no conhecimento científico e que proporciona a *verdade pragmática*.

Popper (1977, p. 93) nos fornece essa interpretação ao afirmar que um enunciado científico é objetivo quando, alheio às crenças pessoais, puder ser apresentado à crítica, à discussão, e puder ser intersubjetivamente submetido a teste. Para ele (1975, p. 46), objetivo significa que "o conhecimento científico deve ser justificável, independentemente de capricho pessoal; uma justificativa será 'objetiva' se puder, em princípio, ser submetida à prova e compreendida por todos. [...] ... a objetividade dos enunciados científicos reside na circunstância de eles poderem ser intersubjetivamente submetidos a teste".

Ao contrário do senso comum, portanto, o conhecimento científico não aceita a opinião ou o sentimento de convicção como fundamento para justificar a aceitação de uma afirmação. Requer a possibilidade de testes experimentais e da avaliação de seus resultados poder ser feita de forma intersubjetiva. Se o conhecimento permanecesse somente no plano horizontal, avaliado apenas no nível da coerência lógica dos seus enunciados (plano sintático), estaria sujeito a se tornar alienado, marginalizado de uma realidade capaz de lhe proporcionar testes empíricos para correção, e distante da revisão crítica e da experiência intersubjetiva. O que proporciona a consecução do ideal da objetividade é o fato de os enunciados – construídos mediante hipóteses fundamentadas em teorias – poderem ser contrastados com as manifestações dos fenômenos da realidade (plano semântico), poderem ser submetidos a testes, em qualquer época e lugar e por qualquer sujeito (plano pragmático). Esse é o aspecto que denota a universalidade e a objetividade do conhecimento científico.

A investigação científica é estimulada a criar fundamentos mais sólidos para seus conhecimentos e a testar permanentemente suas hipóteses de uma forma mais rígida e severa.

Essa preocupação da ciência é constatada através de dois aspectos: o uso de enunciados com elevado poder de discriminação de testagem e o uso de métodos de investigação o máximo confiáveis.

1.2.6 Linguagem específica e poder de crítica

Ao contrário do que costuma acontecer no senso comum, a linguagem do conhecimento científico utiliza enunciados e conceitos com significados bem específicos e determinados. A significação dos conceitos é definida à luz das teorias que servem de marcos teóricos da investigação, proporcionando-lhes, dessa forma, um sentido unívoco, consensual e universal. A definição dos conceitos, elaborada à luz das teorias, transforma-os em *construtos*, isto é, em conceitos que têm uma significação unívoca convencionalmente construída e dessa forma universalmente aceita pela comunidade científica[6]. O uso de construtos, na ciência, reduzindo ao máximo a ambiguidade e vaguidade dos conceitos, permite aumentar o poder de teste dos seus enunciados, tornando possível prever e discriminar com maior precisão e nitidez quais manifestações empíricas devem ser observadas e aceitas como possíveis confirmadores ou falseadores potenciais, numa observação ou experimento[7].

---

6. Ver capítulo 4, item 4.6: "Definição dos conceitos".

7. Pode-se afirmar que à medida que aumenta o grau de determinação da linguagem diminui o grau de compatibilidade com uma classe de fatos, tornando os enunciados mais falseáveis, mais sujeitos à refutação, aumentando o seu poder de teste; por outro lado, à medida que diminui o grau de determinação da linguagem aumenta o grau de compatibilidade com uma classe de fatos, tornando os enunciados menos falseáveis, com menor poder de teste. Compare-se os seguintes enunciados: *a) Choverá ou*

Como consequência, pode-se constatar que a ciência desenvolve testes mais rigorosos do que os do senso comum para aceitar uma teoria. Essas provas rigorosas, além de proporcionar condições mais confiáveis para a localização e correção dos possíveis erros, lhe permitem também estabelecer maior confiabilidade nas predições, tais como as de terremotos, eclipses, percurso e localização de planetas, cometas e outros fenômenos astrofísicos, reações químicas, efeitos na biosfera, reações no comportamento humano e tantas outras em todas as áreas do conhecimento.

No entanto, esse elevado poder de teste que está presente no conhecimento científico não lhe confere maior estabilidade ou dogmatismo de suas teorias. Ao contrário, elas se tornam cada vez mais vulneráveis à localização dos erros, assumindo um caráter hipotético, de aceitação provisória, mais suscetíveis de reformulação ou substituição.

1.2.7 Historicidade dos critérios de cientificidade

Essa natureza do conhecimento científico é decorrente da forma como é produzido e justificado. Um conhecimento, para ser aceito como científico pela comunidade científica, deverá, necessariamente, satisfazer a critérios que justifiquem a sua aceitação. E quais são esses critérios?

Tradicionalmente se responde a essa questão afirmando que um conhecimento é aceito como científico quando segue o *método científico*[8]. Isso pressupõe que deva haver um método, um procedimento dotado de passos e rotinas específicas, que indica como a ciência deva ser feita para ser ciência. Pressupõe que deva haver um cami-

---

ou não choverá; b) Amanhã choverá; c) Amanhã choverá em Porto Alegre; d) Amanhã choverá, em Porto Alegre, às 14 horas; e) Amanhã, em Porto Alegre, às 14 horas, choverá torrencialmente. O enunciado *a)* é impossível de ser testado, pois é tautológico: como permite qualquer acontecimento, não proibindo coisa alguma, nada poderia refutá-lo no nível empírico. É um enunciado vazio de conteúdo informativo. O enunciado *e)*, ao contrário, por ser o de maior conteúdo informativo, é o que mais proíbe e o que mais consegue discriminar entre as possíveis situações de sua rejeição. É o que possui o maior poder de teste e o que mais interessa à ciência. Os outros enunciados podem facilmente contornar situações de possível rejeição. Para o *c)*, por exemplo, tanto faz se chover torrencialmente ou apenas uma garoa leve, se for às 8, às 14, às 15 ou 23 horas. O *b)* amplia ainda mais as situações de sua aceitação: basta chover, torrencialmente ou não, a qualquer hora e em qualquer parte para que não seja rejeitado. Consequentemente, não é um enunciado com informações que interessaria a alguém que necessitasse saber as previsões do tempo! Enunciados desse tipo não interessam à ciência.

8. Ver no capítulo 2 as questões pertinentes ao método científico: indução, empirismo, funções das teorias, da imaginação e das hipóteses, papel da intersubjetividade e dos testes críticos.

nho próprio para se chegar a esse fim, diferente dos outros, que necessariamente deva ser seguido pelo pesquisador para que o seu resultado seja científico.

Essa ideia, por demais linear, coloca o fazer científico como um fazer separado da vida do homem, como uma atividade mecânica, produto da aplicação independente de um conjunto de passos e regras rotineiras que invariavelmente conduzem a uma solução correta.

Se observarmos a história do fazer científico – não apenas a história dos seus produtos – veremos que os critérios de cientificidade estão atrelados à cultura das diferentes épocas. São históricos os critérios utilizados para julgar que procedimentos são ou não corretos para serem encarados como métodos ideais. Não há uma racionalidade científica abstrata, autônoma, que independa dos fatores culturais de cada época. Observa-se, principalmente entre os indutivistas, empiristas e justificacionistas em geral, a proposta de uma caricatura de método científico apresentada como uma sequência de regras prescritivas ou como um conjunto de técnicas de investigação disponíveis para serem aplicáveis a qualquer problema, uma espécie de fórmula mágica e garantida de eliminar o erro e garantir a verdade. Essa imagem ingênua de método científico, vendida principalmente pelos positivistas, é uma deturpação grosseira do processo de investigação científica. Não há regras padronizadas para a descoberta científica de suas teorias, como não as há para a sua justificação confirmadora que lhes garanta a veracidade. Em relação à descoberta, a ciência se assemelha à arte, pois trabalha no nível da imaginação e da criatividade para produzir suas teorias e modelos explicativos[9]. Em relação às garantias de segurança dos seus resultados, a ciência se vale da crítica persistente que persegue a localização dos erros de suas hipóteses e teorias, através de procedimentos rigorosos de testagem que a própria comunidade científica reavalia e aperfeiçoa constantemente. O conhecimento científico se orienta conscientemente na direção da localização e eliminação do erro, através da discussão objetiva (intersubjetiva) de suas explicações, dos seus enunciados, e de suas teorias. Por isso, na ciência, a explicação será sempre provisória reconhecendo o caráter permanentemente hipotético do conhecimento científico.

O que se deve chamar de método científico, portanto, é aquele conjunto de procedimentos não padronizados adotados pelo investigador, orientados por postura e atitudes críticas e adequados à natureza de cada problema investigado. O que se aceita chamar de método científico é a *forma crítica de produzir o conhecimento científico,*

---

9. Sobre ciência, imaginação e criatividade, cf. *Bronowski: As origens do conhecimento e da imaginação* (1985); *Magia, ciência e civilização* (1986); *Um sentido do futuro* (s.d.).

que consiste na proposição de hipóteses bem fundamentadas e estruturadas em sua coerência teórica (verdade sintática) e na possibilidade de serem submetidas a uma testagem crítica severa (verdade semântica) avaliada pela comunidade científica (verdade pragmática).

Como se pode constatar, não há apenas um critério de verdade a ser adotado, mas três: o sintático, o semântico e o pragmático. Mesmo assim, a soma dos três não é suficiente para demonstrar a verdade de um determinado enunciado e justificar a sua aceitação como um resultado inquestionável.

1.2.8 Caráter hipotético do conhecimento científico

O conhecimento científico, portanto, assim como o do senso comum, embora seja mais seguro do que este último, também é falível. Pode o investigador, por exemplo, à luz do seu referencial teórico, elaborar hipóteses inadequadas, excluindo fatores significativos relacionados com a situação-problema, não planejar corretamente o processo de testagem de suas hipóteses, não prever a utilização de instrumentos e técnicas de observação e de medida adequados, válidos ou fidedignos, não perceber provas contrárias ou ainda, influenciado pela sua subjetividade, que jamais é eliminada ou anulada, ou levado pela precipitação e por um raciocínio incorreto, extrair uma conclusão imprópria.

Por se reconhecer a natureza hipotética do conhecimento científico, ele deve ser constantemente submetido a uma revisão crítica, tanto na consistência lógica interna das suas teorias quanto na validade dos seus métodos e técnicas de investigação. Historicamente percebe-se que isso ocorre[10]. Os conhecimentos de hoje se sustentam, em

---

10. Na cosmologia, por exemplo, que recebe a contribuição das teorias metafísicas, físicas e da astronomia, aconteceram mudanças nos modelos teóricos que explicam a concepção de universo. No período da visão grega, com o predomínio do modelo aristotélico, concebia-se o universo como uma grande esfera com a Terra imóvel no seu centro, como um sistema com astros dotados de movimentos circulares perfeitos, fechado, finito, eterno e imutável em sua forma e limitado pela última esfera, a das estrelas.
Após dominar por mais de 2000 anos, por volta do século XVII, esse modelo foi substituído por outro: o heliocêntrico. No heliocentrismo a Terra não estava mais imóvel e não era mais o centro do universo: o centro estaria em torno do Sol. Os movimentos circulares perfeitos dos astros foram substituídos pelos elípticos. O universo passou a ser considerado aberto, com a possibilidade de existir estrelas ou grupos de estrelas formando outros sistemas solares com outros mundos bem além do limite até então visível. A metáfora utilizada para entender esse universo era a de uma grande máquina. Haviam leis que regiam os movimentos físicos de seus corpos. Apesar do movimento de eterno retorno de seus elementos, esse universo também era estável, imutável.

grande parte, no aperfeiçoamento, na correção, expansão ou substituição dos conhecimentos do passado. Como afirma Bunge (1969, p. 19), o conhecimento científico é aquele que é obtido pelo método científico e pode continuamente ser submetido a prova, enriquecer-se, reformular-se ou até mesmo superar-se mediante o mesmo método. O que se observa, no conhecimento científico, é uma retomada constante das teorias e problemas do passado e do presente, através da crítica severa e sistemática.

O que distingue o conhecimento científico dos outros, principalmente do senso comum, não é o assunto, o tema ou o problema. O que o distingue é a forma especial que adota para investigar os problemas. Ambos podem ter o mesmo objeto de conhecimento. A atitude, a postura científica que consiste em não dogmatizar os resultados das pesquisas, mas tratá-los como eternas hipóteses que necessitam de constante investigação e revisão crítica intersubjetiva é que torna um conhecimento objetivo e científico. Ter espírito científico é estar exercendo essa constante crítica e criatividade em busca permanente da verdade, propondo novas e audaciosas hipóteses e teorias e expondo-as à crítica intersubjetiva. O oposto ao espírito científico é o dogmático, que impede a crítica por se julgar autossuficiente e clarividente na sua compreensão da realidade.

O conhecimento científico é, pois, o que é construído através de procedimentos que denotem atitude científica e que, por proporcionar condições de experimentação de suas hipóteses de forma sistemática, controlada e objetiva e ser exposto à crítica intersubjetiva, oferece maior segurança e confiabilidade nos seus resultados e maior consciência dos limites de validade de suas teorias.

No final do século XIX e início deste século inicia-se novamente a construção de um novo paradigma cosmológico, influenciado pelos avanços das novas teorias da astrofísica. As novas teorias e os instrumentos criados a partir delas mostram um universo diferente dos modelos anteriores. Mostram um universo que tem um momento singular de seu nascimento – o *big-bang* – que inicia a dilatação da matéria, gerando o espaço e o tempo e que se apresenta em expansão permanente, numa evolução e movimentos contínuos, criando e recriando constantemente bilhões de galáxias com quasares, pulsares, buracos negros e outros tantos bilhões de estrelas. Nem o nosso Sol e nem a nossa galáxia estão no seu centro e, consequentemente, a visão desse universo deixa de ser antropocêntrica.

Estamos no final de um século e iniciando o outro e a evolução dessas teorias nos faz perceber alguns problemas até agora sem respostas convincentes: Esse universo é o único ou há outros iguais a este? Para onde caminha esse universo? Há um fim que orienta ou determina o seu desenvolvimento ou ele se processa ao acaso? Onde está o seu centro? Há outros planetas com seres semelhantes ao homem ou com outras formas de vida e de inteligência? O que existia antes do *big-bang*? De onde ele vem? Quem o criou? Como será o seu destino ou o seu fim? Qual será o futuro do homem?

Leituras complementares

A experiência científica é, portanto, uma experiência que *contradiz* a experiência *comum*. Aliás, a experiência imediata e usual sempre guarda uma espécie de caráter tautológico, desenvolve-se no reino das palavras e das definições; falta-lhe precisamente esta perspectiva de *erros retificados* que caracteriza, a nosso ver, o pensamento científico. A experiência comum não é de fato *construída*; no máximo, é feita de observações justapostas, e é surpreendente que a antiga epistemologia tenha estabelecido um vínculo contínuo entre a observação e a experimentação, ao passo que a experimentação deve afastar-se das condições usuais da observação. Como a experiência comum não é construída, não poderá ser, achamos nós, efetivamente *verificada*. Ela permanece um fato. Não pode criar uma lei. Para confirmar cientificamente a verdade, é preciso confrontá-la com vários e diferentes pontos de vista. Pensar uma experiência é, assim, mostrar a coerência de um pluralismo inicial (BACHELARD, 1996, p. 14).

Uma explicação é algo sempre incompleto: sempre podemos suscitar um outro porquê. E esse novo porquê talvez leve a uma nova teoria, que não só "explique", mas corrija a anterior (POPPER, 1977, p. 139).

[...] é errônea a suposição de que o conhecimento científico seja uma espécie de conhecimento – conhecimento no sentido comum de que, se eu sei que está chovendo, há de ser verdade que está chovendo, de sorte que conhecimento implica verdade. [...] o que chamamos "conhecimento científico" é hipotético e, muitas vezes, não verdadeiro, já para não falar em certamente verdadeiro ou provavelmente verdadeiro (POPPER, 1977, p. 118).

O que pode ser descrito como objetividade científica é baseado unicamente sobre uma tradição crítica que, a despeito da resistência, frequentemente torna possível criticar um dogmatismo dominante. A fim de colocá-lo sob outro prisma, a objetividade da ciência não é uma matéria dos cientistas individuais, porém, mais propriamente, o resultado social de sua crítica recíproca, da divisão hostil-amistosa de trabalho entre cientistas, ou sua cooperação e também sua competição (POPPER, 1978, p. 23).

Para o cientista, o conhecimento sai da ignorância como a luz sai das trevas. O cientista não vê que a ignorância é um tecido de erros positivos, persistentes, solidários. Não percebe que as trevas espirituais têm uma estrutura e que, nessas condições, toda experiência objetiva correta deve sempre determinar a correção do erro subjetivo. Mas não é fácil destruir os erros um por um. Eles são coordenados. O espírito científico só se pode construir destruindo o espírito não científico. Muito frequentemente, o cientista se entrega a uma pedagogia fracionada, ao passo que o espírito científico deveria visar a uma reforma subjetiva total. Todo progresso real no pensamento científico precisa de uma conversão (BACHELARD, 1977, p. 114).

Portanto, temos de escolher entre pensar e imaginar. Pensar com Galileu, ou imaginar com o senso comum. Pois é o pensamento, o pensamento puro e sem mistura, e não a experiência e a percepção dos sentidos, que constitui a base da "nova ciência" de Galileu Galilei (KOYRÉ, 1982, p. 193).

Duvido que haja uma grande diferença, neste ponto, entre a ciência e a arte. A imaginação não é mais nem menos livre numa do que na outra. Todos os grandes cientistas usaram livremente sua imaginação, deixando-a chegar a conclusões absurdas. Albert Einstein fazia experimentos imaginários desde rapaz, e às vezes ignorava absolutamente os fatos relevantes. Quando escreveu o primeiro dos seus belos ensaios sobre o movimento dos átomos não sabia que os movimentos brownianos podem ser observados em qualquer laboratório. Tinha dezesseis anos quando inventou o paradoxo que resolveria dez anos mais tarde, em 1905, com a teoria da relatividade, e que o interessava mais do que a experiência de Albert Michelson e Edward Morley (que derrubara as concepções de todos os outros físicos, desde 1881). Durante toda a sua vida Einstein se divertiu em propor quebra-cabeças como o de Galileu, sobre a queda de elevadores e a detenção da gravidade; quebra-cabeças que contêm a essência dos problemas da relatividade geral, em que ele estava trabalhando (BRONOWSKI, s.d., p. 27).

2 CIÊNCIA E MÉTODO: UMA VISÃO HISTÓRICA

[...] será sempre questão de decisão ou de convenção saber o que deve ser denominado **ciência** e quem deve ser chamado cientista (POPPER, 1975, p. 55).

[...] um discurso sobre o método científico será sempre um discurso de circunstância, não descreverá uma constituição definitiva do espírito científico (BACHELARD, 1968, p. 121).

A fé nos fatos é uma característica do mundo moderno. Esta fé exige – como qualquer outra – que o crente se incline perante o que é criado, portanto, ela lhe diz: "Inclina-te perante os fatos!" O fato considera-se como algo de absoluto, que fala compulsivamente por si mesmo; a experiência compara-se assim a um tribunal, onde se procede a um interrogatório e se emite um juízo. E, como todo tribunal, também este se considera como uma instância objetiva. Mas o domínio que sobretudo se crê estar sujeito a esta objetividade é a ciência; e, por isso, ela é olhada como a guardiã e a descobridora da verdade (HÜBNER, 1993, p. 37).

O sábio deve organizar; fazemos ciência com fatos assim como construímos uma casa com pedras, mas uma acumulação de fatos não é ciência assim como não é uma casa um monte de pedras (POINCARÉ, 1985, p. 115).

A humanidade testemunhou, em nosso século, em dois momentos inesquecíveis, a presença marcante da ciência. O primeiro despertou sentimentos de orgulho; o segundo o de terror e medo. Jaspers (1975, p. 15-16) os narra e analisa.

O primeiro ocorreu em 1919, quando um grupo de cientistas, no Hemisfério Sul, durante um eclipse solar, conseguiu testar com êxito uma das consequências da teoria de Einstein: a de que o espaço não é reto, mas encurvado em direção à concentração de massa existente. Na época, a teoria da relatividade especial e a da relatividade geral, divulgadas nos periódicos científicos a partir de 1905, eram julgadas por muitos como especulações interessantes e coerentes, mas destituídas de valor, uma vez que, além de contrariar vários princípios da física newtoniana, considerada ainda como paradigma da exatidão e da certeza científica, não tinha nenhuma evidência empírica favorável obtida em testes experimentais. Havia ainda um descrédito em torno das teorias de Einstein. No teste de 1919[11], porém, as equipes de observação de um eclipse solar, chefiadas por Eddington, constataram que os raios luminosos, vindos de estrelas distantes, ao passarem próximos ao Sol, sofriam um desvio de em média 1,7" em sua trajetória, encurvando-se em sua direção, tal como havia predito Einstein. Essa constatação, obtida através do confronto de sucessivas fotos de estrelas, tiradas durante o eclipse, era uma prova favorável à teoria do espaço curvo.

O segundo aconteceu em 1945, no final da Segunda Guerra Mundial, quando Hiroxima e Nagasáqui foram destruídas pelas bombas atômicas. Embora se conhecesse teoricamente o poder destruidor que teria a liberação da energia do átomo, ninguém acreditava que o homem soubesse construir um artefato que pudesse utilizá-la. A bomba sobre Hiroxima e Nagasáqui demonstrou que o homem pode com o conhecimento científico conhecer e dominar as forças da realidade para estabelecer um controle prático sobre a natureza e sobre o próprio homem. E, nesse segundo momento, temeu a humanidade perante o progresso da ciência.

O que é essa ciência que é ao mesmo tempo admirada e temida, condenada e glorificada, ou até mesmo transformada em mito?

2.1 CIÊNCIA: CONTROLE PRÁTICO DA NATUREZA E DOMÍNIO SOBRE OS HOMENS OU BUSCA DO SABER?

O leigo, influenciado principalmente pelos meios de comunicação de massa, concebe a ciência como a fonte miraculosa que resolve todos os problemas que a huma-

---

11. Em 20 de maio de 1919, durante um eclipse total do Sol, duas equipes de astrônomos de Greenwich e de Oxford, chefiadas por Eddington, uma em Sobral, no Brasil, e outra na Ilha do Príncipe, no Golfo de Guiné, fotografaram durante cinco minutos, com dezenas de fotos, as estrelas localizadas numa determinada região do céu. Dois meses mais tarde, a mesma região dessas estrelas foi visível à noite e foi fotografada com os mesmos instrumentos, para confronto. Em 21 de setembro de 1922, na Austrália, foi feita mais uma observação semelhante, obtendo-se um desvio de 1,74". Esses resultados estavam de acordo com os cálculos previstos por Einstein que afirmara que um raio luminoso, vindo de uma estrela distante, ao passar próximo ao Sol, sofria um desvio em sua trajetória em função do encurvamento do espaço ocasionado pela massa solar.

nidade enfrenta, quer sejam teóricos ou práticos, sem mesmo distinguir o produto científico do produto técnico.

De fato, uma das preocupações permanentes que motivam a pesquisa científica é de caráter prático: conhecer as coisas, os fatos, os acontecimentos e fenômenos, para tentar estabelecer uma previsão do rumo dos acontecimentos que cercam o homem e controlá-los. Com esse controle pode ele melhorar sua posição em face ao mundo e criar, através do uso da tecnologia, condições melhores para a vida humana.

A ciência é utilizada para satisfazer às necessidades humanas e como instrumento para estabelecer um controle prático sobre a natureza. Somam-se os benefícios auferidos pelo homem em todos os campos, produzidos pela aplicação prática da descoberta científica. A eletricidade, a telefonia, a informática, o rádio, a televisão, a aviação, as aplicações tecnológicas no campo da medicina, das engenharias e das viagens espaciais, o uso da genética na agricultura e na agropecuária e tantos outros relacionados à psicologia, sociologia, e aos mais diferentes campos do conhecimento mostram a evolução crescente do uso do conhecimento científico na vida diária do homem, a tal ponto que dificilmente se desvincula a produção do conhecimento do seu benefício tecnológico e pragmático. Os próprios cientistas, ao justificarem seus pedidos de recursos financeiros para custear as despesas de suas investigações, junto aos grupos de interesses econômicos e políticos, tendem a dar demasiada ênfase à relevância dos resultados práticos auferidos pelas suas pesquisas.

Gradativamente, o conhecimento científico toma conta das decisões e ações do homem, a tal ponto que, no fim do segundo e início do terceiro milênio, vivemos na chamada sociedade do conhecimento. A riqueza e a força bélica, outrora considerados elementos chaves e fontes do poder, hoje cedem seu lugar para o conhecimento. Quem tem conhecimento tem poder, a força e a riqueza, e o domínio sobre a natureza e sobre os outros homens.

Essa ênfase exagerada, porém, no caráter prático do uso do conhecimento científico, pode proporcionar uma distorção da compreensão do que seja ciência, ocultando, principalmente, os seus principais objetivos. Nagel (In: MORGENBESSER, 1971, p. 15-16) é incisivo quando alerta para o perigo que essa concepção pode trazer, pois o cientista acaba sendo visto como aquele homem milagreiro que é capaz de encontrar soluções infalíveis para qualquer problema humano ou da natureza.

Essa compreensão cientificista e reducionista é errônea e limitada. A ciência não se reduz à atividade de proporcionar o controle prático sobre os fenômenos da natureza. Esse poder de controle o homem o consegue por decorrência das funções e objetivos principais da atividade científica. A causa principal que leva o homem a produzir ciência é a tentativa de elaborar respostas e soluções às suas dúvidas e problemas e que o levem à compreensão de si e do mundo em que vive.

O motivo básico que conduz a humanidade à investigação científica está em sua curiosidade intelectual, na necessidade de compreender o mundo em que se insere e na de se compreender a si mesma. Tão grande é essa necessidade que, onde não há ciência, o homem cria mitos.

2.2 CIÊNCIA E MÉTODO: SUAS CONCEPÇÕES

Não existe uma única concepção de ciência. Podemos dividi-la em períodos históricos, cada um com modelos e paradigmas teóricos diferentes a respeito da concepção de mundo, de ciência e de método. Pretende-se, de uma forma mais simplificada, analisar a **ciência grega**, que abrange o período que vai do século VIII aC até o final do século XVI, a **ciência moderna**, do século XVII até o início do século XX, e a **ciência contemporânea** que surge no início deste século até nossos dias.

2.2.1 Ciência e método: a visão grega

Se, erroneamente, a ciência é encarada por muitos como um fantástico instrumento miraculoso ou estarrecedor, capaz de resolver todos os problemas da humanidade, na Antiguidade, na Grécia, a partir do século VIII aC e alcançando a culminância no século IV aC, conhecida como filosofia da natureza, tinha como única preocupação a busca do saber, a compreensão da natureza das coisas e do homem. O conhecimento científico era desenvolvido pela filosofia. Não havia a distinção que hoje se estabelece entre ciência e filosofia.

2.2.1.1 Os pré-socráticos

A filosofia, ao surgir no mundo ocidental com os filósofos pré-socráticos – Tales de Mileto, Anaximandro, Pitágoras, Heráclito, Parmênides, Empédocles, Anaxágoras e Demócrito – iniciou o estabelecimento gradual de uma ruptura epistemológica com a mitologia. Os pré-socráticos começaram a substituir a concepção de mundo caótico concebido pela mitologia pela ideia de cosmos. Na concepção mitológica e antropomórfica, os fenômenos que aconteciam no mundo ocorriam de forma caótica, pois eram desencadeados por forças espirituais e sobrenaturais comandadas pela vontade arbitrária e imprevisível dos deuses. Na visão pré-socrática foi inserida a ideia da existência de uma ordem natural no universo, despida da influência ou interferência da vontade imprevisível das divindades. O universo era ordem, era cosmos. E ele estava ordenado por princípios *(arché)* e leis fixas e necessárias, inerentes à própria natureza. Seus fenômenos estavam relacionados a causas e forças naturais que podiam ser conhecidas e previstas.

O principal problema abordado pelos pré-socráticos foi o de responder se, debaixo das aparências sensíveis e perenes dos fenômenos que estavam em contínua transformação, existia algum princípio permanente ou realidade estável, isto é, se havia uma "natureza", uma essência eterna, universal e imutável que determinava a existência das coisas. *O que* são, *de que* são feitas, *como* são feitas e *de onde* vêm as coisas que são percebidas? Essas eram as perguntas que os filósofos pretendiam responder.

Os pré-socráticos distinguiam o que pode ser percebido pelos sentidos – os fenômenos, as aparências mutáveis das coisas, que fundamentam as *opiniões,* a *doksa* – e o que pode ser percebido pela inteligência – o ser, as essências que definem a natureza das coisas, seus princípios comuns e imutáveis, que fundamentam o conhecimento, a ciência, a filosofia.

O procedimento usado pelos filósofos – os que desejam a sabedoria – é o da especulação racional. Por julgar que a experiência, que utiliza o testemunho dos sentidos, é fonte de erros, preocuparam-se em elaborar teorias racionais. Segundo eles, os princípios ordenadores da natureza das coisas, por estarem debaixo das aparências, não podiam ser percebidos pelos sentidos, mas apenas pela inteligência. Cabia à inteligência a tarefa de elaboração e esclarecimento da possível ordem que havia por trás da aparente desordem dos fenômenos sensíveis e perceptíveis.

O corte epistemológico que os filósofos pré-socráticos começaram a estabelecer, portanto, na busca de um conhecimento acerca da natureza do universo, rompeu com o vínculo estabelecido com as crenças mitológicas e com as opiniões sustentadas na experiência dos sentidos. Iniciaram, dessa forma, a escalada da história ocidental na construção do conhecimento, que permaneceu por mais de 2000 anos, como uma atividade filosófica, racional, especulativa, de abertura ao inteligível, na tentativa de uma compreensão racional do cosmos.

2.2.1.2 A abordagem platônica

O outro modelo que se apresenta após os pré-socráticos é o *platônico*[12]. Nele o real não está na empiria, nos fatos e fenômenos percebidos pelos sentidos. O verdadeiro mundo platônico é o das ideias, que contém os modelos e as essências de como as aparências devem se estruturar. Para Platão (429-348/3477 aC), a forma, acessível aos sentidos, apenas nos mostra **como** as coisas são, mas não **o que** elas

---

12. As concepções de Platão a respeito de opinião, conhecimento, dialética e ciência estão expostas, principalmente, nas obras: *Crátilo, República, Fédon, Sofista, Górgias, Filebo* e *Fedro*.

são. Os sentidos são apenas a fonte de opiniões e crenças sobre as aparências do real. O que nos fornece o que são as coisas, o seu verdadeiro conhecimento, a ciência, é a inteligência, o **entendimento**, que é o conhecimento racional intuitivo, desenvolvido através da dialética – intuição dos princípios universais, análise e síntese –, concebido por Platão como um método científico racional. A **essência** do mundo só é acessível ao entendimento, pois as Ideias, os modelos de todas as coisas, enquanto entidades reais, eternas, imutáveis, imateriais, perfeitas e invisíveis, não estão neste nosso mundo de aparências sensíveis e mutáveis, mas num mundo superior e eterno. Nesta interpretação platônica, de desvalorização dos sentidos, a percepção sensorial apenas tem a função de confundir, de proporcionar as "sombras" da realidade, que enganam, ludibriam. Para Platão, **o real é o pensado, o intuído**. Nem a imaginação e nem a razão discursiva, que são os que possibilitam trabalhar com os conceitos de número e quantidade, nos proporcionam o verdadeiro conhecimento. Platão destrói o valor da experiência empírica como fonte e critério de julgamento do conhecimento, da verdade, e valoriza a intuição racional como mecanismo para se apropriar da essência do real, do Ser.

2.2.1.3 Aristóteles: entendimento e experiência

Aristóteles (384-322 aC), discípulo de Platão, em sua *Metafísica*, é o primeiro a suprimir o mundo platônico das ideias. Para ele, a ciência é produto de uma elaboração do entendimento em íntima colaboração com a experiência sensível. É resultado de uma abstração indutiva das sensações provenientes dos sentidos e da iluminação do entendimento agente que abstrai as particularidades individualizadas dessas sensações e constrói a ideia universal que representa a essência da realidade. Desde o século IV aC até o século XVII, predominou essa concepção aristotélica de demonstração científica, através de um duplo processo. De acordo com Aristóteles, no primeiro momento, devia-se iniciar pelo que vinha em primeiro lugar no conhecimento, que seriam os fatos percebidos pelos sentidos[13] e, depois, agrupar as observações, pelo processo de indução, em uma generalização que proporcionasse a forma universal, isto é, a substância, a identidade inteligível e real que permanecia independente das mudanças. O objetivo desse processo indutivo de abstração, e da ação do entendimento agente iluminador, era o de definir as formas e efetuar a passagem progressiva dos dados materiais e mutáveis para os imateriais e imutáveis. O segundo momento

---

13. A expressão aristotélica afirma: *Nihil est in intellectu quod non prius fuerit in sensu* ("Nada está no intelecto se antes não passou pelos sentidos").

consistia em demonstrar que os efeitos observados derivavam dessas definições, isto é, de um princípio mais universal que era sua causa. Nenhum efeito ou atributo poderia existir se não estivesse ligado a alguma causa, a alguma substância. Demonstrava-se a causa de um efeito quando o efeito pudesse ser predito como um atributo de uma determinada substância. Para Aristóteles, a ciência física era uma ciência da natureza. *Physis* significava natureza. *Physis* era o princípio ativo, a fonte intrínseca natural do comportamento de cada coisa. A natureza de uma coisa era a substância que lhe era inerente, o seu princípio intrínseco que determinava "naturalmente" o seu comportamento. A natureza essencial de uma substância era determinada pela sua matéria e forma. Esse processo indutivo consistia num processo de abstração a partir dos dados proporcionados pelos sentidos.

O **método aristotélico** consiste em analisar a realidade através de suas partes e princípios que podem ser observados, para, em seguida, postular seus princípios universais, expressos na forma de juízos, encadeados logicamente entre si. Dessa forma *o modelo aristotélico* propõe uma ciência (*episteme*) que produz um conhecimento que pretende ser um fiel espelho da realidade, por estar sustentado no observável e pelo seu caráter de necessidade e universalidade. Desenvolve um conhecimento da essência das coisas e das suas causas, respondendo às perguntas *o que é?* e *por que é?* A ciência aristotélica manifesta-se com uma ciência do discurso, qualitativa[14], que proporciona um conhecimento universal, estável, certo e necessário, tal qual propunham os pré-socráticos. O conhecimento verdadeiro deve satisfazer os critérios da justificação lógica: deve ser demonstrado com argumentos que sustentam a certeza e tornam evidente a sua aceitação em função da coerência lógica de suas afirmações com os princípios universalmente aceitos (verdade sintática).

2.2.1.4 Ciência grega – a visão de universo

Apesar do corte epistemológico que a filosofia efetuou com a mitologia, algumas analogias foram ainda mantidas, principalmente as do antropomorfismo, que comparava a organização do universo com a forma humana de organização.

---

14. A ciência aristotélica descreve os fenômenos utilizando conceitos que contêm suas caraterísticas empíricas. Não pressupõe uma relação quantitativa entre as propriedades dos fenômenos. É antimatemática, pois os fatos qualitativos apenas podem ser determinados pela experiência e pela percepção sensível e não por uma abstração geométrica. Observe-se que, para Aristóteles, movimento é um *processo de mudança* de um corpo que passa de um estado em que se encontra para outro (atualização ou corrupção) e não como diferentes estados inerciais de repouso ou de movimento de um mesmo corpo, como pregaram, posteriormente, Galileu e Descartes.

Prevaleceu, na visão grega de ciência, o modelo cosmológico de Aristóteles, aliado às concepções da astronomia de Ptolomeu. Esse universo era geocêntrico, finito, de forma esférica, limitado às estrelas visíveis e fechado, com princípios organizadores próprios, tal qual um organismo vivo, dotado de inteligência própria.

Aristóteles dividia os seres desse universo em três grandes planos, de acordo com o nível de perfeição:

1º – O *mundo físico terrestre*, o sublunar, que está no centro do universo, composto das substâncias físicas imperfeitas, perecíveis, sujeitas à mudança, ao movimento, geração e degeneração, divididas em seres vivos – os vegetais, os animais e o homem – e não vivos – a matéria e a forma, os quatro elementos: água, ar, terra e fogo, e os mistos;

2º – O *mundo físico celeste*, o supralunar, composto pelos astros e esferas celestes perfeitas. Os astros são substâncias móveis, eternas, incorruptíveis e dotadas de formas vivas, inteligentes e perfeitas, girando em movimento esférico em torno da Terra;

3º – A *substância divina supraceleste*, eterna, incorruptível, imóvel, destituída de matéria e situada fora do universo físico: Deus.

Os gregos viam o mundo dotado de uma ordem e estrutura natural que governava o cosmos e que regia todos os acontecimentos, na qual todo o ser adquiria sentido. À filosofia e à ciência cabia buscar essa ordem, apreendê-la, compreendê-la e demonstrá-la. Toda racionalidade da ciência grega estava sustentada nessa ideia que interpretava os fatos particulares, mutáveis e perecíveis, a partir do sentido que adquiriam como parte de um todo, de uma essência universal incorruptível e eterna. Na ciência grega, portanto, não se dá destaque ao processo de descoberta. Havia um processo de demonstração, de justificação dos princípios universais. **Conhecimento científico era o demonstrado como certo e necessário através dos argumentos lógicos**. O valor de uma explicação estava no seu poder argumentativo que justificava sua aceitação e plausibilidade. A ciência grega era uma **ciência do discurso**, em que não havia o tratamento do problema que desencadeia a investigação, e sim a demonstração da verdade racional no plano sintático. Sob esse enfoque é que nasceram e se desenvolveram a física, a biologia, a ética, a aritmética, a metafísica, a estética, a política, a lógica, a cosmologia, a antropologia, a medicina e tantas outras ciências.

A filosofia da natureza, ou a ciência grega, chega à Europa principalmente através dos árabes e dos cristãos. Estudada pelos cristãos, é adotada e ensinada nos conventos e universidades europeias. Proporcionou ao Ocidente, por vários séculos, os fundamentos de um conhecimento racional, tido como certo e seguro.

2.2.2 Ciência e método: a abordagem da ciência moderna
(Bacon, Galileu e Newton)

Esses dois caminhos, o platônico e o aristotélico, depois de coexistirem por mais de 2000 anos, foram duramente atacados a partir do século XV e, principalmente, no século XVII, durante o Renascimento, pela revolução científica moderna, que introduz a experimentação científica, modificando radicalmente a compreensão e concepção teórica de mundo, de ciência, de verdade, de conhecimento e de método.

O conhecimento produzido segundo o modelo aristotélico manifestava-se através de proposições de sujeito-predicado, que expressavam os atributos qualitativos inerentes aos fenômenos observados. Esta ciência qualitativa, no entanto, era inadequada para tratar daquelas questões que necessitavam de uma relação numérica, como, por exemplo, a da velocidade da mudança e do movimento na física. Segundo Crombie (1985), foi a partir do século XIII, por influência do uso da matemática, da observação e da experimentação na tecnologia latente da Idade Média, que a exigência de métodos precisos de investigação e explicação no campo das ciências naturais conduziram à *tentativa de uso de métodos matemáticos experimentais*. Essa passagem era uma mudança da teoria da ciência que culminou com a revolução científica do século XVII.

Opondo-se à ciência grega e ao dogmatismo religioso que imperava na época, os renascentistas, principalmente Galileu (1564-1642) e Bacon (1561-1626), rejeitaram o modelo aristotélico.

2.2.2.1 Bacon: indução e empirismo

Conforme Bacon (1979), os preconceitos de ordem religiosa, filosófica, ou decorrentes das crenças culturais, deveriam ser abandonados, pois distorciam e impediam a verdadeira visão do mundo, que deveria ser resultado da interpretação da natureza.

Bacon (1979, p. 33) criticou severamente o aristotelismo e o empirismo ingênuo:

> A escola empírica de filosofia engendra opiniões mais disformes e monstruosas que a sofística ou racional. As suas teorias não estão baseadas nas noções vulgares (pois estas, ainda que superficiais, são de qualquer maneira universais e, de alguma forma, se referem a um grande número de fatos), mas na estreiteza de uns poucos e obscuros experimentos.

O empirismo ingênuo criticou principalmente a leviandade com que os observadores se deixavam levar pelas impressões dos sentidos e concluíam generalizações utilizando indevidamente a indução (indução por enumeração). A experiência vulgar, segundo ele, conduzia a enganos.

Após rejeitar tanto o empirismo ingênuo quanto o velho *órganon* de Aristóteles, Bacon propôs a necessidade de se inventar um novo instrumento, um método de invenção e de validação que desse maior eficácia à investigação. Para ele, o método silogístico e da abstração não ofereciam um conhecimento completo do universo. Para isso seriam necessárias a observação sistemática e a experiência dos fenômenos e fatos naturais. Cabia à experiência confirmar a verdade. Somente ela seria capaz de proporcionar uma verdadeira demonstração sobre o que é verdadeiro ou falso. A autoridade (do conhecimento religioso e dogmático) podia fazer crer, porém não facultava a compreensão da natureza das coisas em que se acreditava. A razão (no conhecimento filosófico) poderia completar a autoridade; não teria, porém, condições de distinguir entre o verdadeiro e o falso.

Propôs um método que chamou de *interpretação da natureza*, oposto aos outros que denominou de *antecipações da natureza*. Seus passos estão sustentados na crença vigorosa, que Bacon possuía, de que a natureza é a grande mestra do homem. Para dominá-la era necessário obedecê-la. Seu princípio fundamental afirmava que o homem deveria libertar seu intelecto dos *pré*-conceitos (*ídola*) que impediam a correta visão das formas (leis) que organizavam a natureza. Livre da visão distorcida da realidade, poderia dedicar-se exaustiva, metódica e sistematicamente à observação dos fenômenos. O verdadeiro caminho era o da indução experimental. Porém, não a indução pueril, da simples enumeração de alguns casos observados, mas a indução sistematizada em que "se deve cuidar de um sem número de coisas que nunca ocorreram a qualquer mortal [...] procedendo às devidas rejeições e exclusões e, depois, então, de posse dos casos negativos necessários, concluir a respeito dos casos positivos" (p. 69).

Esse método se tornou conhecido como **método científico** e deveria ser utilizado para se atingir um conhecimento científico. Para Bacon (1979), o método científico deveria seguir os seguintes passos:

a) **experimentação**: é a fase em que o cientista realizaria os experimentos sobre o problema investigado, para poder observar e registrar metódica e sistematicamente todas as informações que pudesse coletar (experimento *lucífero*);

b) **formulação de hipóteses** fundamentadas na análise dos resultados obtidos dos diversos experimentos, tentando explicar a relação causal dos fatos entre si;

c) **repetição da experimentação por outros cientistas** ou em outros lugares, com a finalidade de acumular dados que pudessem servir para a formulação de hipóteses (experimentos *frutíferos*);

d) **repetição do experimento para a testagem das hipóteses**, procurando obter novos dados e novas evidências que as confirmassem;

e) **formulação das generalizações e leis**: pelas evidências obtidas, depois de seguir todos os passos anteriores, o cientista formularia a lei que descobrir, generalizando suas explicações para todos os fenômenos da mesma espécie.

Bacon foi o pregador da necessidade do controle experimental. Ciente das falhas da indução, procurou acercar-se de cuidados que oferecessem confiabilidade aos resultados:

> Na constituição de axiomas por meio dessa indução é necessário que se proceda a um exame ou prova: deve-se verificar se o axioma que se constitui é adequado e está na exata medida dos fatos particulares de que foi extraído, se não os excede em amplitude e latitude, se é confirmado com a designação de novos fatos particulares que, por seu turno, irão servir como uma espécie de garantia (p. 69).

Com esse controle e repetição dos experimentos, tentava Bacon impedir a formulação de generalizações que extrapolassem os limites de validade dos resultados alcançados. Através desse mecanismo, adotou como critério de verdade a correspondência dos enunciados com os fatos (*verdade semântica*), tentando oferecer à ciência meios de conhecer os limites de confiabilidade dos seus resultados. Como dizia: "não é de se dar asas ao intelecto, mas chumbo e peso para que lhe sejam coibidos o salto e voo" (p. 68).

Esse método, no entanto, não teve o mérito de atingir os objetivos a que Bacon se propunha. Com ele Bacon nada produziu. O que chamou de "experimentos", destituídos da mensuração e controle quantitativos, não passaram de meras "experiências". Bacon não conseguiu dar o salto do qualitativo para o quantitativo, como fez Galileu, verdadeiro pai da revolução científica moderna.

No entanto, foi grande a influência do empirismo e do indutivismo de Bacon sobre a vulgarização do pensamento científico moderno. E também não foram poucos os cientistas que reafirmaram a ideia de que a ciência deveria fundamentar-se na pura observação dos fatos e não se deixar levar por hipóteses aprioristicas para alcançar a objetividade no conhecimento. E entre eles esteve Newton.

2.2.2.2 Galileu: o experimento e a revolução científica

Galileu, contudo, trilhou um caminho diferente do de Bacon. Para Galileu, a explicação deveria ser buscada na *leitura do livro da natureza*. A certeza da validação da explicação não poderia ser fornecida através da simples demonstração utilizando argumentos lógicos (*verdade sintática*), de acordo com o modelo aristotélico, mas pelas provas construídas e elaboradas de forma matemática com as evidências quantitativas dos fatos produzidas pela experimentação. O critério da verdade, para a ciência moderna, passaria a ser o da correspondência entre o conteúdo dos enunciados e a evidência dos fatos (*verdade semântica*). O método silogístico grego foi substituído pelo **método científico-experimental**. O conhecimento produzido segundo o modelo aristotélico manifestava-se através de proposições de sujeito-predicado, que expressavam os atributos qualitativos inerentes aos fenômenos conhecidos pela experiência e percepção sensorial. Esta ciência qualitativa, no entanto, era inadequada para tratar daquelas questões que necessitavam de uma relação numérica, como por exemplo a da velocidade da mudança e do movimento na física.

O responsável pela chamada **revolução científica moderna** foi Galileu, ao introduzir a *matemática e a geometria como linguagens da ciência* e o *teste quantitativo-experimental* das suposições teóricas como o mecanismo necessário para avaliar a veracidade das hipóteses e estipular a chamada **verdade científica**, mudando radicalmente a forma de produzir e justificar o conhecimento científico. Com Galileu se estabelece a nova ruptura epistemológica que desenvolve a ideia de se traçar um caminho do fazer científico – **método quantitativo-experimental** – desvinculado do caminho do fazer filosófico – empírico, especulativo-racional. Foi através da revolução galileana, como nos demonstra Koyré (1982), que começa a explosão da ciência moderna, estabelecendo o corte epistemológico com a concepção de universo e de conhecimento aristotélico, e iniciando um novo paradigma que culminaria com o sucesso da física newtoniana.

Galileu estabelece o **diálogo experimental** como o **diálogo da razão com a realidade**, do homem com a natureza[15]. Galileu tomou como pressuposto que os fenômenos da natureza se comportavam segundo princípios que estabeleciam relações quantitativas entre eles. Os movimentos dos corpos eram determinados por relações quantitativas numericamente determinadas. A visão de universo de Galileu era de um mundo aberto, mecânico, unificado, determinista, geométrico e quantitativo, contrária àquela concepção aristotélica de cosmos, ainda impregnada pelos resquícios das crenças míticas e religiosas, que apresentava um mundo qualitativo e organizado hierarquicamente em um espaço finito e fechado. Caberia, então, à razão apresentar para essa natureza, *organizada geométrica e matematicamente*, suas perguntas inteligentes, manifestadas através de hipóteses quantitativas, para que ela lhe respondesse quando forçada por um

---

15. De acordo com Burtt (1983, p. 65), no método de Galileu se destacam três etapas: *intuição ou resolução, demonstração e experiência.*

experimento[16]. Na concepção de Galileu, *a razão construiria uma armadilha experimental capaz de forçar a natureza a fornecer respostas concretas, mensuráveis quantitativamente.* Essas respostas seriam utilizadas para avaliar a *veracidade empírica do modelo hipotético-quantitativo racionalmente construído.* A realidade poderia, como resposta, através de seus números, dizer um sim ou um não.

Com este procedimento Galileu estabeleceu o domínio do **diálogo científico**, o diálogo experimental, que era o diálogo entre o homem e a natureza, intermediado pelo pressuposto de que o real era geométrico e os fenômenos da realidade se comportavam de acordo com relações e princípios quantitativos. Ao **homem** competiria, com sua razão, *teorizar e construir a interpretação matemática do real e à* **natureza** caberia *responder se concordava ou não com o modelo sugerido.* A *scientia,* o conhecer, se reduzia à forma experimental de desenvolvê-la, como uma *interrogação hipotética endereçada à natureza a respeito das relações quantitativas existentes entre as propriedades dos fenômenos e a análise de suas respostas.*

A partir de Galileu, as principais "verdades" defendidas pela concepção aristotélica de ciência, principalmente as da física e as da cosmologia, foram questionadas e rejeitadas. O modelo cosmológico que afirmava ser o universo eterno, geocêntrico, fechado na última esfera das estrelas visíveis a olho nu, finito, dotado de movimentos circulares, fundamentado em uma física dualista, uma para explicar os movimentos terrestres – dos corpos corruptos e imperfeitos – e outra para os movimentos celestes – dos corpos eternos e perfeitos –, foi posto em dúvida juntamente com a forma de produzir e justificar a validade desses conhecimentos. O significado

---

16. Convém destacar a distinção que há entre *experiência,* no sentido do senso comum e do empirismo aristotélico, e *experimento,* no sentido galileano, apresentada por Koyré (1982, p. 271-300; 1985, p. 144). A distinção fundamental que aponta reside no tratamento teórico que é utilizado no *experimento* para conhecer os fatos. **O *experimento* trabalha com hipóteses, isto é, com elaboração teórica quantitativa *a priori* que orienta a observação e o questionamento dos fatos.** Nesse sentido a ciência é operativa, com a razão assumindo uma **função ativa** e não passiva ou contemplativa perante os fatos. Este "empirismo" da ciência moderna, que trabalha com modelos geométricos e hipóteses *a priori* que se expressam em conceitos matemáticos que necessitam de medida e precisão, se distingue do empirismo do modelo aristotélico que usa conceitos semiqualitativos e abertos e daquele da experiência do senso comum que caracteriza o mundo do mais ou menos. A noção de *experimento* pressupõe a aceitação da geometrização da realidade e, portanto, a sua abordagem quantitativa. Fazer ciência seria, daí para a frente, estabelecer as relações quantitativas que poderiam estar presentes por trás dos fenômenos ou dos fatos e testá-las. **O experimento pressupunha, portanto, pensamento teórico, elaborado aprioristicamente, expresso em linguagem matemática e acrescido de teste.** O "laboratório" que Galileu utilizou para realizar aprioristicamente o seu *experimento,* portanto, foi o seu **pensamento**.

dos conceitos fundamentais da física – o de repouso e movimento – foram modificados[17]. Nem mesmo o endosso do cristianismo a essas teorias, impregnadas que foram pelo dogmatismo e radicalismo religioso e teológico da época, conseguiu conter a revolução científica que começava a se instaurar e a destruir as concepções anteriores. O cosmos grego e o mundo qualitativo aristotélico, explicado pela analogia do organismo biológico, foram substituídos por uma concepção mecanicista e determinista. Copérnico (1473-1543), Kepler (1571-1630), Galileu (1564-1642) e Newton (1642-1727) completam um ciclo que apresenta e consolida essa nova visão de universo construída pela ciência moderna. Essa ciência, elaborada por engenheiros e matemáticos, parte do princípio que o universo teve um grande engenheiro e arquiteto – Deus – que o criou como uma máquina perfeita, dotada de *leis* precisas que comandam seus movimentos, que podem ser descobertas utilizando-se procedimentos experimentais e matemáticos.

2.2.2.3 Newton: o método indutivo e o surgimento do positivismo

Foi com o surgimento desta ciência que começou a se concretizar a esperança de que o homem poderia ter, finalmente, o conhecimento total e fiel da realidade. Foi com Galileu e, posteriormente, com Newton e Kant que essa esperança tomou matéria e forma.

A partir deste momento o homem começa a trabalhar, tendo como **modelo** de acesso à realidade o **procedimento do experimento científico**, que estipula critérios para julgar quando esse acesso é realmente alcançado e quando não. Isto é, este procedimento estipula quando o homem acessa plenamente à realidade – a tal ponto de di-

---

17. Em 1632, em Florença, na Itália, foi publicado o *Diálogo sobre os dois maiores sistemas do mundo*, de Galileu. Os conceitos ali emitidos, principalmente o de movimento e o da geometrização do universo, além de estabelecer a ruptura com a física aristotélica, serviram para fundamentar as teorias dos dois maiores físicos que se seguiram a Galileu: Newton, com suas leis expressas nos *Princiípios matemáticos da filosofia natural,* e Einstein, com suas teorias sobre a relatividade geral e restrita, modificando a concepção de espaço e tempo. De acordo com Aristóteles, os corpos estariam em um estado de repouso natural. O movimento de um corpo, segundo a física aristotélica, seria decorrente do *impetus*, de uma força motora que deveria estar constantemente impulsionando esse corpo para não voltar ao seu estado natural de repouso. Galileu modifica radicalmente essa concepção. Para ele, o movimento também é um estado natural, estável e permanente tanto quanto o de repouso, não necessitando da força impulsionadora constante. O princípio da inércia, pressuposto por Galileu, afirma que um corpo abandonado a si mesmo permanece no estado em que estiver, quer seja de movimento ou de repouso, enquanto não for submetido à ação de uma força exterior qualquer.

zer e descrever com exatidão quantitativa *como* é que ela funciona e *como* ela se relaciona: se o acesso é "verdadeiro", ou, quando não a acessa plenamente, se o acesso fornece uma imagem "falsa".

Esse procedimento passou a se chamar **método científico** e obteve várias interpretações, principalmente a positivista e empirista, decorrente da física newtoniana, expressa na obra *Philosophiae Naturalis Principia Mathematica* (1687), de Newton.

A interpretação newtoniana de método científico, de acordo com Duhem (1914), era indutivista e positivista, próxima à interpretação de Bacon. Newton, dando uma interpretação diferente à de Galileu, se recusava a admitir que trabalhava com hipóteses aprioristicas. No *Scholium generale,* que está no final dos *Principia Mathematica*, Newton (1987, p. 705) afirma não aceitar nenhuma hipótese física que não possa ser extraída da experiência pela indução. Afirmava que suas leis e teorias eram tiradas dos fatos, sem interferência da especulação hipotética[18]. Isto é: em física, toda proposição deveria ser tirada dos fenômenos pela observação e generalizada por indução. Esse seria o método ideal, o experimental, através do qual se poderia submeter à prova, uma a uma, as hipóteses científicas. À ciência caberia aceitar apenas as que evidenciassem a certeza confirmada pelas provas empíricas produzidas pelo método experimental. Com esse método estaria se propondo uma espécie de *órganon* experimental pretensamente universal, que substituísse o *órganon* aristotélico na lógica[19].

O modelo popularizado de método científico, o indutivo-confirmável, sofrendo as influências do empirismo baconiano e da indução confirmabilista newtoniana, que foi tomado como padrão e divulgado entre os diferentes campos das ciências naturais,

---

18. Textualmente, nos *Principia Mathematica*, Newton (1686) afirma:
La gravedad hacia el Sol se compone de las gravedades hacia cada una de las partículas del Sol, y separándose del Sol decrece exactamente en razón del cuadrado de las distancias hasta más allá de la órbita de Saturno, como se evidencia por el reposo de los afelios de los planetas, y hasta los últimos afelios de los cometas, si semejantes afelios están en reposo. Pero no he podido todavia deducir a partir de los fenómenos la razón de estas propiedades de la gravedad y **yo no imagino hipótesis**. Pues, lo que no se deduce de los fenómenos, ha de ser llamado Hipótesis; **y las hipótesis**, bien metafísicas, bien físicas, o de cualidades ocultas, o mecánicas, **no tienen lugar dentro de la *Filosofía experimental*. En esta filosofía las proposiciones se deducen de los fenómenos, e se convierten en generales por inducción**. Así, la impenetrabilidad, la movilidad, el ímpetu de los cuerpos e las leyes de los movimientos e de la gravedad, llegaron a ser esclarecidas (op. cit., p. 785).

19. Tem sentido, sob esse prisma, o título dado por Francis Bacon à sua obra *Novum Organum* (1620), teorizando sobre o modelo metodológico empirista e indutivista que a ciência deveria ter.

principalmente através dos manuais universitários, se apresentaria, com algumas pequenas variações, com o seguinte formato:

FIGURA 2 – Método científico indutivo-confirmável

MÉTODO CIENTÍFICO INDUTIVO-CONFIRMÁVEL

Observação dos elementos que compõem o fenômeno

↓

Análise da relação quantitativa existente entre os elementos que compõem o fenômeno

↓

Indução de hipóteses quantitativas

↓

Teste experimental das hipóteses para a verificação confirmabilista

↓

Generalização dos resultados em lei

De acordo com esse modelo, o *sujeito do conhecimento* deveria ter a mente limpa, livre de preconceitos, para que recebesse e se impregnasse das impressões sensoriais recebidas pelos canais da percepção sensorial. As hipóteses seriam decorrentes do processo indutivo da meticulosa observação das relações quantitativas existentes entre os fatos e o conhecimento científico seria formado pelas certezas comprovadas pelas evidências experimentais de alguns casos analisados.

Hypotheses non fingo era a atitude empirista correta. Como diz Duhem (1993, p. 89),

> enquanto durasse a experiência, a teoria deveria permanecer à porta do laboratório, guardar silêncio e, sem perturbá-lo, deixar o experimentador face a face com os fatos. Estes últimos deveriam ser observados sem ideias preconcebidas, recolhidos com a mesma imparcialidade minuciosa, quer confirmassem as previsões da teoria, quer as contradissessem. O relato que o observador daria de sua experiência deveria ser um decalque fiel e escrupulosamente exato dos fenômenos; não deveria nem mesmo deixar suspeitar em qual sistema o experimentador tivesse confiança, nem de qual ele desconfiasse.

Para Newton e seus discípulos, tais como Laplace, Fourier e Ampère[20], estaria claro que uma proposição física seria ou uma lei, obtida pela observação e generalização indutiva, ou um corolário deduzido matematicamente desse tipo de lei. Em ambos os casos, as teorias sempre seriam proposições confiáveis e destituídas de dúvida ou de arbitrariedade, pois seriam um decalque fiel e objetivo da realidade.

2.2.2.4 O dogmatismo e o cientificismo da ciência moderna

O paradigma newtoniano, impregnado pelo indutivismo e empirismo, gerou uma cega confiabilidade na ciência, sem dúvida alguma, sustentada na certeza e exatidão dos resultados das teorias obtidas por um procedimento julgado perfeito: pensou-se que se poderia, sem interferências de ordem subjetiva, teórica, ou metafísica, descobrir as leis ou princípios que comandavam os fenômenos da realidade. A exatidão dos resultados dos experimentos newtonianos e o acordo perfeito de suas provas com as teorias facilitou a aceitação da crença de que a física newtoniana, construída com o uso de um método científico-experimental indutivista e confirmabilista, estava proporcionando ao homem um conhecimento "comprovado", "confirmado" definitivamente, inquestionável e desprovido de interferências subjetivas. Era, portanto, um conhecimento que havia alcançado a "objetividade", isto é, era um espelho fiel da realidade, fundamentado nos fatos e não nas suposições da subjetividade humana. O experimento da física, seguindo a teorização coerente com o *paradigma newtoniano,* passou a ser o modelo ideal que deveria ser copiado por todas as outras áreas de conhecimento.

---

20. Ampère (1775-1836), matemático, químico e físico francês, discípulo do método newtoniano, que constrói a teoria do eletromagnetismo, em sua obra *Théorie mathematique des Phénomènes électrodynamiques uniquement déduit de l'expérience* afirma:
Newton esteve longe de pensar que a lei da gravidade universal pudesse ser inventada partindo de considerações abstratas mais ou menos plausíveis. Ele estabeleceu que ela deveria ser deduzida dos fatos observados, ou melhor, de suas leis empíricas que, como as de Kepler, são resultados generalizados de um grande número de fatos.
Observar primeiro os fatos, modificando-se as circunstâncias tanto quanto possível, acompanhar esse primeiro trabalho de medir com precisão para daí inferir as leis gerais, independentemente de qualquer hipótese sobre a natureza das forças que produzem os fenômenos, o valor matemático dessas forças, isto é, a fórmula que as representa, tal é o caminho que Newton seguiu. Ele foi por todos adotado na França, pelos cientistas aos quais a física deve os imensos progressos que ela fez nesses últimos tempos, e foi ele que me serviu de guia em todas as minhas pesquisas sobre os fenômenos eletrodinâmicos. Eu tenho consultado unicamente a experiência para estabelecer as leis desses fenômenos, e deles deduzir a fórmula que pode sozinha representar as forças para as quais eles são devidos (apud DUHEM, 1993, p. 297-298 – nossa tradução).

Esse novo paradigma de verdade e do fazer conhecimento, que chegou à sua plenitude com Newton, é racionalmente justificado por Kant que, na sua *Crítica da razão pura* (1787), expõe os argumentos que fundamentam a crença nessa forma de acesso à realidade, não de um acesso total, do em si, dos "noúmena", mas dos "fainômena". A ciência experimental newtoniana, para Kant, se transforma no modelo de conhecimento. Segundo ele, o homem constrói um conhecimento dos fenômenos, captados a partir dos conceitos fundamentais *a priori* de tempo e espaço, universais e absolutos, condicionantes de toda a apreensão sensível, e agregados pelas categorias intelectuais, também universalmente presentes no homem. A partir de Newton e Kant, o **conhecimento verdadeiro é dado pela ciência**. O pensar com a razão pura é ciência, que põe o homem em contato com o real, enquanto fenômeno.

O dogmatismo, antes presente nas teorias aristotélicas divulgadas sob a proteção do cristianismo, manifesta-se, agora, com intensidade no interior da própria ciência, no final do século XIX, motivado por esta pregação positivista do modelo científico dominante como ideal do conhecimento, que não admitia outras formas válidas de se atingir o saber, a não ser através do método científico-experimental.

O sucesso das aplicações teóricas e práticas da física newtoniana no decorrer de três séculos gerou uma confiabilidade cega nesse tipo de ciência, fazendo com que as outras áreas de conhecimento, não apenas das ciências naturais, mas também das sociais e das humanas, procurassem esse ideal científico e o aplicassem para obter resultados teóricos comprovados experimentalmente. Todas queriam gozar do *status* de cientificidade granjeado pela física.

Finalmente, pensava-se, o homem havia descoberto o caminho do conhecimento certo e verdadeiro. Esse caminho era o da ciência. E, na ciência, conhecer significava experimentar, medir e comprovar. A ciência, orientada pelo poderoso método científico-experimental indutivo, poderia chegar às verdades exatas, verificadas e confirmadas pelos fatos. O crescimento da ciência seria acumulativo, através da superposição de verdades demonstradas pelas provas fatuais geradas pelas observações particulares e pelos experimentos. Foi o início do surgimento do cientificismo, isto é, da crença de que o único conhecimento válido era o científico e de que tudo poderia ser conhecido pela ciência. Todo o conhecimento, para ter valor, deveria ser verificável experimentalmente e apresentar provas confirmadoras de sua veracidade.

2.2.3 A visão contemporânea de ciência e método: a incerteza e a ruptura com o cientificismo

É no interior da própria física, no entanto, que se inicia a ruptura com o dogmatismo e a certeza da ciência. Um dos primeiros a denunciá-la foi Pierre Duhem (1861-1916). Para ele o cientista constrói instrumentos, ferramentas – suas teorias – para se apropriar da realidade, estabelecendo com ela um diálogo permanente. A aceitação da validade dos instrumentos de observação e quantificação, a seleção das observações de manifestações empíricas e sua interpretação dependem da aceitação da validade ou não dessas teorias. Os critérios utilizados no fazer científico, enquanto método, para Duhem, devem ser entendidos, como condicionados historicamente. São *convenções* articuladas no contexto histórico-cultural. E como tal, permitem a renovação e progresso das teorias, revelando o caráter dinâmico da ciência e a *historicidade dos princípios epistemológicos do fazer científico*. A análise da história da ciência permite que Duhem discorde de Newton, desmistificando o positivismo calcado no empirismo e na indução do método newtoniano[21].

Nesta mesma época, principalmente com o advento da mecânica quântica, a partir das teorias dos quanta de Max Planck (1900), com as teorias da relatividade de Einstein[22] (1905), o princípio da complementaridade de Bohr[23] (1913), o novo modelo de átomo idealizado por Schrödinger (1926), o princípio da incerteza de Heisenberg[24]

---

21. As teorias de Pierre Duhem encontram-se expressas, fundamentalmente, nas obras: *La théorie phisique. Son objet – sa structure.* 2. ed. (1914), Paris: Vrin, 1993; *Le système du monde, histoire des doctrines cosmologiques de Platon à Copernic.* (1913-1959). Paris: Vrin, 1959, 10 v; *Sozein ta fainomena. Essai sur la notion de théorie physique de Platon a Galilée.* (1908). Paris: Vrin, 1982.

22. Einstein afirma que o referencial espaço-temporal é diferente para observadores em movimentos diferentes, contrariando a postura clássica que prega o valor absoluto para o espaço e tempo. Isto é: as longitudes e as distâncias diferem segundo o observador em questão. É o mesmo que afirmar que o espaço e o tempo – a distância e a duração –, e todas as magnitudes que delas derivam (velocidade, aceleração, força, energia, ...), não dizem relação com algo absoluto do mundo externo, mas que são grandezas relativas que se modificam de acordo com a velocidade em que estiver o observador. O marco de referência não está no mundo, mas no observador e dele depende. É o mesmo que afirmar que um valor monetário, por exemplo R$ 100,00 (cem reais), pode valer num lugar o equivalente a R$ 120,00 e noutro R$ 85,00, isto é, tem um determinado valor de compra de acordo com determinados mercados.

23. Bohr foi o primeiro físico a reconhecer que, na física moderna, não se pode aplicar simultaneamente de maneira completa, para a descrição da realidade, os conceitos de *onda* e *corpúsculo, localização no espaço e tempo* e *estado dinâmico bem definido,* pois são inconciliáveis e contraditórios. No entanto, são concepções complementares. Isso significa que, para se efetuar uma descrição completa dos fenômenos físicos da realidade, deve-se utilizar, alternadamente, uma e outra concepção.

24. O princípio da incerteza afirma: "É lei da natureza não podermos conhecer com exatidão o estado atual de nenhum corpúsculo". Com isso Heisenberg sustenta que, na observação e na experimentação, encontramos apenas indeterminação, imprecisão. Por exemplo: não é possível conhecer ao mesmo tempo e com precisão a velocidade e a posição do movimento de um elétron no interior de um átomo. É impossível determinar com exatidão absoluta, no mesmo momento, duas quantidades conjugadas. Isso não se deve à imperfeição dos instrumentos, mas à própria natureza dos fenômenos. A indeterminação faz parte da própria essência das partículas microcósmicas. Assim é que a indeterminação essencial fundamenta a incerteza, que não pode ser eliminada pelo aperfeiçoamento dos mecanismos e instrumentos de observação ou de experimentação.

(1927), a microfísica e outras teorias importantes na física, desvaneceu-se a pretensão cientificista e dogmática do determinismo e do mecanicismo.

A atitude dogmática da ciência moderna foi denunciada, no início do século XX, por De Broglie (1924), físico francês, que afirma: "[...] muitos cientistas modernos adotaram, quase sem se aperceber disso, uma certa metafísica de caráter materialista e mecanicista e a consideraram como a própria expressão da verdade científica. Um dos grandes serviços prestados ao pensamento contemporâneo pela recente evolução física é o de ter arruinado esta metafísica simplista" (apud MOLES, 1971, p. 4).

A principal contribuição para uma nova concepção de ciência foi dada por Einstein. As suas teorias da relatividade restrita e da relatividade geral foram importantes não apenas pelo conteúdo que apresentaram, mas pela forma como foram alcançadas. Bacon afirmara que as ideias preconcebidas deveriam ser eliminadas da mente do investigador. Einstein não as eliminou. Ao contrário, semelhante ao artista, deu asas à sensibilidade e à imaginação. Projetou subjetivamente um modelo de mundo que não fora captado registrando passivamente dados sensoriais, mas influenciado por suas emoções, paixão mística, impulsos de sua imaginação, convicções filosóficas e, como ele próprio afirmou, por um "sentimento religioso cósmico" (apud THUILLIER, jul. 1979, p. 24-29). Com Einstein, Bohr, Heisenberg, Schrödinger e tantos outros, quebrou-se o mito da objetividade pura, isenta de influências das ideias pessoais dos pesquisadores. Demonstrou que, mais do que uma simples descrição da realidade, a ciência é a *proposta de uma interpretação*. O cientista se aproxima mais do artista do que do fotógrafo[25].

Como consequência dessa primeira ruptura que atingiu diretamente o processo de descoberta da visão moderna de ciência, aparece uma segunda contribuição de Einstein: a demonstração de que, por maior que seja o número de provas acumuladas em favor de uma teoria, ela jamais poderá ser aceita como definitivamente confirmada. Os esquemas explicativos mais sólidos podem ser substituídos por outros melhores. O progresso científico, então, deixa de ser acumulativo para ser revolucionário. E o critério até então adotado para distinguir a ciência da não ciência, o da confirmabilidade obtida pelo uso do método experimental indutivo, cai por terra. E uma nova pergunta se coloca: **Que critério utilizar para demarcar e distinguir a ciência de outras formas de conhecer? É possível ter um procedimento padrão, um método científico, para fazer ciência?**

---

25. Cf. BRONOWSKI, *Um sentido do futuro*, cap. 5, sobre a "Lógica da natureza", s.d.

2.2.3.1 Crítica do contexto de descoberta do método indutivo-confirmável

Desde Aristóteles a indução é entendida como o argumento que passa do particular para o geral, ou do singular para o universal, ou, ainda, do conhecido para o desconhecido. É grande o número de tipos de inferências indutivas existentes[26]. O seguinte argumento de enumeração simples mostra essa passagem do singular para o universal:

O cisne 1 é branco
O cisne 2 é branco
O cisne 3 é branco
...
O cisne n é branco
Todos os cisnes são brancos.

Segundo Wricht (apud HEGENBERG, 1976, p. 174), a indução pode ser caracterizada da seguinte forma:

> do fato de que algo é verdade, relativamente a certo número de elementos de uma dada classe, conclui-se que o mesmo será verdade, relativamente a elementos desconhecidos da mesma classe. Se, em especial, a conclusão se aplica a um número ilimitado de elementos não examinados, diz-se que a indução leva a uma generalização.

Para Hempel (1970, p. 174), a indução, na investigação científica ideal dos indutivistas, fundamenta-se em quatro etapas:

a) observação e registro de todos os fatos;

b) análise e classificação desses fatos;

c) derivação indutiva de generalização a partir deles;

d) verificação adicional das generalizações.

A indução, portanto, atribui ao universal um predicado constatado aos casos particulares, ampliando as conclusões do particular para o geral, do conhecido para o desconhecido. O que se questiona é se se pode aceitar como válida a indução como proposta de método científico. Desde Bacon até Popper, Carnap e outros, diversos pensadores analisaram o problema. O que mais chamou atenção sobre ele foi Hume (1711-1776), que o colocou da seguinte forma: pode-se justificar a passagem do co-

---

26. Cf. HEGENBERG, Leônidas. *Etapas de investigação científica*. São Paulo: EPU/Editora da Universidade de São Paulo, 1976, 2 v., p. 171-174.

nhecimento do observado (particular) para o "suposto" conhecimento do não observado (universal) (1989)? Em outras palavras: pode-se, racionalmente, aceitar a indução como forma de argumentação válida e correta para se estabelecer conclusões verdadeiras?

O indutivista parte da observação, registro, análise e classificação dos fatos particulares para chegar à confirmação e à generalização universais. A indução usa o princípio do *empirismo* de que o conhecer significa ler a realidade através dos sentidos. Ou melhor: conhecer é interpretar a natureza, com a mente liberta de preconceitos. O empirista usa a observação sistemática para orientar o intelecto em suas análises. Dessa forma, a ciência vista pelo empirista seria a imagem da realidade.

Ainda é comum entre muitas pessoas esta postura ingênua, própria de quem não se interroga sobre a possibilidade do conhecimento da realidade. Acreditam que é pela percepção sensorial que a alcançam, através da recepção de suas manifestações (a realidade se dá a conhecer), numa típica postura empirista. Afirmam que a imagem que têm elaborada a partir da apreensão destas manifestações, é a imagem verdadeira (fidedigna) do real, e sobre ela falam para os outros com propriedade, podendo entendê-lo, explicá-lo e descrevê-lo. Por essa forma de acesso pensam ter obtido a compreensão do real. O real é aquilo que é percebido através dos sentidos: do gosto, do tato, do olfato, da audição e da visão. São os fatos, os fenômenos, as pessoas, os animais, os objetos, as coisas, tudo aquilo, enfim, que pode ser captado pelo canal da percepção sensorial, com suas características, formas e propriedades.

Nesta postura ingênua não se questiona a possibilidade de os sentidos, que são os mecanismos da percepção sensorial, se enganarem, distorcerem ou não apreenderem o real. Admite-se como evidente que eles são o canal natural através do qual se vê e se percebe as imagens do real, que as suas formas e aparências são vistas e sentidas e suas vozes ouvidas. À pergunta *o que é o real? O que são os fatos?*, responde o empirista ingênuo: é o que está aí sendo visto, ouvido, sentido e percebido. As imagens decorrentes dessa percepção são, para ele, um espelho fidedigno que reproduz com fidelidade o que as coisas são, no cérebro do sujeito cognoscente.

E o que faz o cérebro ao receber essa imagem? O cérebro, seguindo um ritual mecânico que obedece a regras apriorísticas, desempenharia a função de protocolar o recebimento dessas imagens, executando a tarefa de selecioná-las, classificá-las, inter-relacioná-las e armazená-las. O homem, nesta visão, seria igual a uma máquina de conhecer, tal qual uma filmadora que recebe as imagens externas para serem impressas na fita virgem.

A subjetividade não existiria nesta máquina, pois o empirismo não admite lugar para ela. A total apreensão do real, através de suas formas de manifestação, é proporcionada exclusivamente pela percepção sensorial. Apenas o sujeito que tivesse ou deficiências nos mecanismos de sua percepção sensorial – na visão, por exemplo, ou algum defeito no seu cérebro, não apreenderia corretamente o real. No empirismo é descartada a possibilidade de ocorrerem, portanto, interpretações com distorções subjetivas.

Nesta postura confunde-se o real com a aparência do real, confunde-se a apreensão do real com a apreensão das suas manifestações acessíveis aos órgãos dos sentidos. Para o empirismo, o real é descrito e explicado pelas suas características e manifestações empíricas e com elas se confunde. A realidade equivale à imagem físico-sensorial que o sujeito tem desta realidade, formada pelo somatório das características empíricas que compõem o contorno fotográfico apreendido pela percepção sensorial. O empirista, portanto, não questiona a possibilidade de acesso ao real. Admite-a ingenuamente.

A indução toma como pressuposto a validade do empirismo, pois acredita no valor da observação e na fidedignidade do testemunho dos sentidos, quando rigorosa e ordenada. Essa crença postula que a ciência deve utilizá-la de forma metódica para produzir a descrição e a classificação dos fatos. A explicação científica, suas teorias ou leis, seriam decorrentes dos julgamentos fundamentados nessa classificação.

Sob o ponto de vista epistemológico, é insustentável a indução. Em primeiro lugar, não se pode observar todos os fatos, fenômenos ou coisas, para deles fazer surgir uma explicação. Como seriam, por exemplo, a observação e a classificação de bilhões ou trilhões de células? Seria praticamente impossível de realizar. Em segundo lugar, o que deveria ser observado em uma célula? Sob que critérios classificá-las? De onde proviriam esses critérios? Da própria constituição celular ou de possíveis "palpites" lançados *a priori* à luz de um referencial teórico?[27] O valor da pura observação,

---

27. Por exemplo: o que podemos selecionar como aparências de uma folha de um arbusto, para entendê-la, explicá-la ou descrevê-la? Sua cor, formato, consistência, odor, tamanho, temperatura? Vista a "olho nu" e vista através de microscópios de diferentes potências, que "aparências" surgirão ao observador? Um homeopata, um narcotraficante, um floricultor, um agrônomo, um químico, um nutricionista, um decorador e um botânico utilizarão os mesmos instrumentos e técnicas para observá-las? Perceberão e selecionarão as mesmas manifestações ou as mesmas aparências? Certamente não. Alguns perceberão a sua aura, outros a sua composição química, outros ainda a estrutura de suas células, o seu poder de fotossíntese, o seu grau de toxidade, peso atômico de seus átomos, o seu valor nutritivo, o seu poder terapêutico, a sua resistência às pragas e tantas outras características e manifestações quantos forem os interesses, os enfoques teóricos, os instrumentos e técnicas de observação utilizados. Os objetos, fatos, fenômenos e tudo aquilo que pode ser chamado de realidade podem se manifestar de indefinidas formas, ajustadas ao tipo de observador, formas, fundo teórico, instrumentos e técnicas de observação utilizadas. Não há, portanto, aparências unívocas e uniformes, inerentes ao objeto analisado. O que há são diferentes formas subjetivas, pragmáticas e teórico-culturais de perceber as possíveis aparências da realidade.

desprovida de todo e qualquer critério *a priori*, ou destituído de preconceitos, como pretendia Bacon, é nulo. Não se saberia o que seria relevante observar ou registrar. Como afirma Medawar (1974, p. 1105-1113), poder-se-ia, por exemplo, passar a vida inteira observando os raios da luz solar num cristal sem notar e saber explicar sua refração, ou sem relacionar o aquecimento provocado pelo atrito de dois corpos com energia. Os fatos não explicam por si mesmos o problema que é objeto da investigação científica, pois há muitas formas de observá-los e classificá-los que dependem de critérios de ordem subjetiva ou do tipo de referencial teórico que é utilizado.

Popper e Hempel são categóricos ao afirmar, a exemplo de Hume, que não existem regras de indução que conduzam, a partir de premissas particulares, a explicações genéricas sobre os fatos. Só o sentir e o perceber os fatos ou os fenômenos não produzem explicações ou teorias sobre esses fatos.

Einstein (*apud* POPPER, 1975, p. 525), em carta dirigida a Popper, em novembro de 1935, afirma:

> Não me agrada absolutamente a tendência "positivista", ora em moda, de apego ao observável. Considero trivial dizer que, no âmbito das magnitudes atômicas, são impossíveis predições com qualquer grau de precisão, e penso (como o senhor, aliás) que a teoria não pode ser fabricada a partir de resultados de observação, mas há de ser inventada.

Os dados empíricos só podem ter relevância ou não a partir de um determinado critério orientador. A observação poderá servir para ajudar a esclarecer, delimitar e definir o problema ou o fato analisado, bem como estimular o intelecto na projeção de explicações. A solução do problema, porém, ou a explicação do fato, depende das conjeturas inventadas pelo pesquisador à luz do conhecimento disponível. Jamais provém da observação ou classificação desprovidas de hipóteses. Cabe à hipótese a função de guia da observação. Somente ela poderá dizer que dados são relevantes e devem ou não ser observados, coletados, analisados e classificados. Antes o investigador propõe possíveis soluções ou explicações para o problema, sob a forma de hipóteses, e somente depois planeja e executa observações ou testes experimentais adequados, para confrontar as hipóteses com os dados da realidade.

A indução, que utiliza, segundo o modelo proposto por Bacon, a experimentação como fonte desencadeadora de informações e explicações do fenômeno analisado e a solução dos problemas, é uma ingênua ilusão. O uso que se deve fazer dos experimentos não é para gerar as soluções, mas para oportunizar meios de testar as possíveis respostas projetadas pelo pesquisador. A experimentação só é válida como procedimento crítico de testar hipóteses.

Não se pode, pois, induzir mecanicamente hipóteses ou teorias a partir da pura observação ou experimentação. A observação e a experimentação devem ser guiadas por hipóteses que estabelecem as relações entre os fatos ou entre os fenômenos. Hempel (1970, p. 26) afirma que "as hipóteses e as teorias não são derivadas dos fatos, mas inventadas com o fim de explicá-los [...] Sem essas hipóteses, a análise e a classificação são cegas".

2.2.3.2 Crítica do contexto de justificação (validação) do método indutivo

A indução prega a passagem dos fatos para as teorias em dois momentos: no processo de descoberta, como foi analisado anteriormente, e no processo de justificação da validade da teoria, ou na busca da verificabilidade. A verificabilidade pretende afirmar a veracidade dos enunciados universais a partir da veracidade dos enunciados singulares confirmados pelas evidências experimentais. Essa pretensão, no entanto, é insustentável, tanto sob o ponto de vista lógico quanto epistemológico.

A indução, assim como era concebida por Bacon e posteriormente por Newton e pelos positivistas do século XIX, foi por muito tempo o critério de demarcação entre ciência e não ciência. Com a preocupação de alcançarem resultados supostamente científicos, isto é, certos, precisos, seguros e confiáveis, só aceitavam o que pudesse ser produto da experiência científica. Essa experiência, porém, buscava a verificação, a confirmabilidade de seus enunciados singulares, através do acúmulo de evidências positivas, isto é, de provas que concordassem com o conteúdo dos enunciados que estavam testando. Utilizavam como critério de validação a "comprovação" dos enunciados singulares, testados por diversas vezes e em situações diferentes, generalizando, depois, para o universo. Quanto mais evidências adicionais favoráveis à explicação conseguiam enumerar, mais correta seria essa explicação. O resultado, porém, de uma experiência ou de uma observação sempre será um enunciado singular e, pela lógica, diversos resultados de enunciados singulares favoráveis não podem provar conclusivamente que uma hipótese é verdadeira, pois uma hipótese ou uma teoria são enunciados universais. Já o próprio Bacon afirmara que as inferências indutivas jamais confirmariam conclusivamente uma hipótese. A indução poderia somente falseá-la conclusivamente. Desse modo, de nada adianta a confirmação de centenas ou de milhares de casos a não ser para aqueles casos particulares[28]. Isso significa que uma hipótese jamais pode ser confirmada, verificada ou comprovada em sentido positivo.

---

28. A centena de tipos de animais que têm quatro patas não é suficiente para demonstrar, em termos lógicos, a veracidade da afirmação: "Todos os animais têm quatro patas". O fato de o elefante, o cachorro, o cavalo, o leão, e tantos outros animais terem quatro patas não permite que se amplie a verdade do particular para o universal. Isso se deve não apenas porque conhecemos animais com menos ou mais patas.

Sob o ponto de vista lógico, portanto, é insustentável a indução. A argumentação que ela usa, chamada de "falácia da afirmação do consequente", não é válida dedutivamente. A verdade dos enunciados singulares de suas premissas jamais pode ser transferida para o enunciado universal da conclusão. A conclusão pode tanto ser verdadeira quanto falsa, mesmo que suas premissas sejam verdadeiras. Nas inferências indutivas constata-se que a verdade das premissas é transportada para a conclusão através da *ampliação de conteúdo*. Para poder "confirmar" a hipótese universal, a indução conduz a uma extrapolação. Isso ocorre tanto para os argumentos indutivos por enumeração simples quanto para os de recíproca da dedução, que tentam inferir a verdade da hipótese a partir das suas consequências verificáveis, segundo o padrão abaixo apresentado:

Se H é verdadeiro, então C, *C*, ..., *C também o são.*
Ora, C, C, ..., C são verdadeiros.
Logo, H é verdadeiro.

A confirmabilidade pode ser questionada também sob o ponto de vista epistemológico. As "provas" que são analisadas pelos testes observacionais ou experimentais para avaliar o conteúdo dos enunciados são sempre interpretadas à luz das crenças teóricas admitidas pelos pesquisadores e cientistas. A interpretação das manifestações dos fatos não depende dos próprios fatos, mas das teorias utilizadas pelo observador[29]. Não há evidências sustentadas exclusivamente nos fatos. Sempre há a cumplicidade de um fundo teórico que interfere na interpretação das manifestações dos fatos, transformando-as em evidências de algo. A passagem dos fatos aos conceitos é sempre intermediada por indicadores que contêm definições construídas a partir de

---

29. No século XVII, sustentou-se a afirmação de que a Terra não poderia girar em torno do seu próprio eixo, como afirmava Galileu. Apresentou-se três provas que mostravam essa evidência. Uma delas mostrava essa impossibilidade alegando que, se girasse, provocaria uma força centrífuga tão grande que tudo o que estivesse sobre a superfície do planeta seria expelido para o espaço. Ora, isto não acontecia. Logo, a Terra não girava sobre o seu próprio eixo. A conclusão e os argumentos, absurdos em relação ao conhecimento de hoje, eram, para a época, totalmente coerentes com o conhecimento disponível até então, tendo em vista a vigência da concepção aristotélica de universo e, principalmente, o desconhecimento da lei da gravidade dos corpos, que anula essa força centrífuga, que só seria enunciada, posteriormente, por Newton.

determinadas teorias[30]. Podem, pois, a cada momento que surgem novas teorias, as interpretações das provas serem questionadas e modificadas.

O critério de demarcação entre ciência e não ciência, fundamentado na experiência e adotando a indução e a confirmabilidade para constatar a certeza de seus enunciados está, portanto, sobre bases falsas. Não existe indução, assim como não existe verificação confirmabilista em ciência. Uma hipótese jamais será justificada como verdadeira pelo simples fato de que apenas os enunciados empíricos singulares e particulares podem ser confirmáveis. Os resultados de testes de enunciados singulares só podem, sob o ponto de vista lógico, falsear um enunciado universal e jamais confirmá-lo. E sob o ponto de vista epistemológico, a validade desses resultados estará sempre restrita e limitada ao âmbito da teoria que foi utilizada como referencial para a sua interpretação.

2.2.4 A ciência contemporânea: o questionamento da possibilidade de um método

A palavra *scire* significa, em latim, saber. Tradicionalmente ligou-se a palavra saber com o significado de saber verdadeiro, saber correto, certo, inquestionável, oposto ao não saber, à ignorância, à ausência do saber, ou ao pseudossaber, o conhecimento falso, não-verdadeiro, incerto e questionável. O conceito de *scientia*, portanto, apenas podia ser atribuível a um determinado tipo de conhecimento: ao que possuía o saber correto, diferente de outros pretensos conhecimentos que não o possuíam, que não podiam ser *scientia*. E como havia vários conhecimentos, e se um era o correto e os outros não, havia a necessidade de se descobrir algum meio ou algum critério que distinguisse o correto do não correto, isto é, a ciência da não ciência.

As perguntas básicas que qualquer pessoa se faz ao se defrontar com novas informações, novas teorias ou conhecimentos, são: *São* corretos? *Como se sabe* se são corretos? É possível utilizar algum *critério para distinguir* os que são dos que não o são? *O que garante a validade* das informações para que se possa nelas confiar? *Como se produz* um conhecimento correto? Estas questões, que apontam para a dicotomia que existe entre o saber e o não saber, a humanidade as vem fazendo através dos séculos.

---

30. Ver Figura 8: conceitos e manifestação dos fenômenos.

A questão do método científico está interligada a este desejo de o homem ter procedimentos e caminhos seguros para alcançar ou produzir um conhecimento verdadeiro e de ter critérios que garantam a possibilidade de distinguir entre o conhecimento verdadeiro e o falso. As perguntas básicas que o método científico tenta responder e resolver, portanto, são: *Como proceder para se alcançar ou **produzir** um conhecimento? **Como proceder** para saber se ele é **válido (verdadeiro)** ou não?*

Essas perguntas tiveram, em cada época, respostas diferentes, de acordo com a teoria da ciência vigente. A história da ciência mostra que houve várias teorias do método, cada uma estipulando padrões metodológicos, com critérios e cânones próprios para a aceitação das explicações e a validade dos experimentos.

No início do século XX, as ideias de Einstein e Popper revolucionaram a concepção de ciência e de método científico. O dogmatismo que tomou conta da ciência, principalmente ao final do século passado, foi minado em suas bases, cedendo o seu lugar à atitude crítica.

A concepção da ciência moderna, influenciada pelo positivismo newtoniano, criou uma imagem dogmática de método científico. Essa imagem continua ainda em voga, principalmente para o leigo. Criou-se a ideia de que método científico é um procedimento que, utilizando técnicas delineadas, conduz a resultados exatos. Essa concepção, no entanto, não passa de um mito. A partir de Einstein e Popper desmistificou-se a concepção de que método científico é um procedimento regulado por normas rígidas que prescrevem os passos que o investigador deve seguir para a produção do conhecimento científico.

Popper (1975, p. 135) é taxativo quando afirma que não existe método científico. Infelizmente não existe. Então, por que analisar o chamado "método científico"?

O método científico que não existe é aquele que está na imaginação do leigo, na expectativa do estudante ávido por modelos, fórmulas ou receitas mágicas para aplicar e colher o resultado e, às vezes, na descrição que fazem alguns pesquisadores sem notar o engano em que se encontram. O que não existe no método científico é "um código prático para o comportamento científico", como afirma Medawar (1974, p. 1108). Não existe um modelo com normas prontas, definitivas, pelo simples fato de que a investigação dever orientar-se de acordo com as características do problema a ser investigado, das hipóteses formuladas, das condições conjunturais e da habilidade crítica e capacidade criativa do investigador. Praticamente, há tantos métodos quantos forem os problemas analisados e os investigadores existentes.

Não se pode, no entanto, cair num ceticismo total, ou no extremo oposto e afirmar, como Feyerabend (1977, p. 274 e 279), que a ciência pede uma epistemologia anárquica. Admite-se que não há ainda explicações razoáveis que demonstrem como funciona o processo de descoberta das soluções para os problemas e que também não há critérios e procedimentos universalmente aceitos que possam ser usados para justificar e demonstrar com certeza a veracidade de uma hipótese. Admite-se também que a ciência e seus procedimentos são encarados como um processo histórico e como um sistema aberto, sujeitos a mudanças drásticas atreladas à cultura de cada época e à área de conhecimento em que estiver o problema investigado. Porém, alguns critérios básicos são discerníveis dentro do procedimento geral, amplo, utilizado no *construir* a ciência. E é nesse sentido que se deve compreender **método científico: como a descrição e a discussão de quais critérios básicos são utilizados no processo de investigação científica**. Esses critérios, porém, não são apresentados como prescrições dogmáticas, mas elementos que se somam à imaginação crítica ou à criatividade, pois, como diz Medawar (1974, p. 1105), os cientistas "trabalham muito perto da fronteira entre o espanto e a compreensão".

2.2.4.1 O método científico hipotético-dedutivo

Tendo em vista esses critérios básicos, portanto, é justificável *descrever*[31] passos gerais que, comumente, são utilizados na investigação científica. A esses passos, fundamentados em alguns critérios básicos que os orientam e sustentados na história da ciência, *convenciona-se* chamar *"método científico"*.

É com essa compreensão que se propõe o seguinte esquema do método científico hipotético-dedutivo para auxiliar na sua compreensão e na interpretação da ciência contemporânea.

---

31. A compreensão que deve ser dada à questão de método científico é de não ser prescritivo, mas descritivo. A história da ciência nos mostra que não há critérios estabelecidos aprioristicamente, como normas ou preceitos. Há critérios que são utilizados e adotados na prática da pesquisa pela comunidade científica como uma espécie de código prático consensual que pode renovar-se periodicamente. Os critérios têm, portanto, uma dimensão histórica e cultural, influenciando a prática da pesquisa e também sendo influenciados por ela, tal qual acontece na relação *língua x fala*, com referência à compreensão e função da gramática. Os critérios orientam a prática da pesquisa, sem contudo servirem de preceitos condicionantes ou bloqueadores do caráter crítico, inventivo e inovador, próprio da ciência.

FIGURA 3 – Método científico hipotético-dedutivo

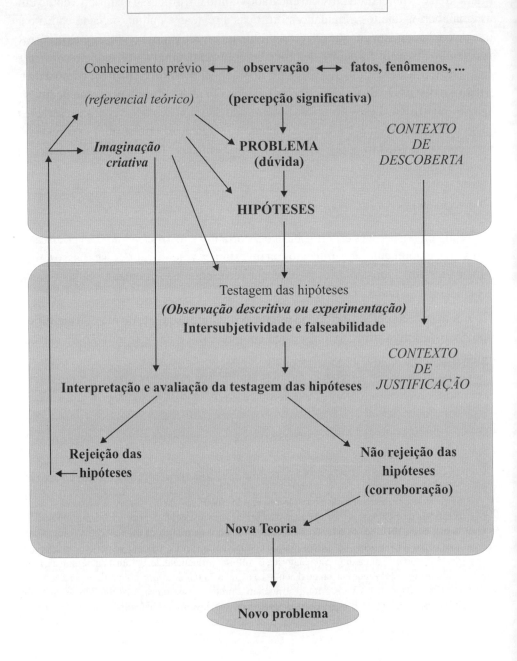

2.2.4.2 O contexto de descoberta do método científico hipotético-dedutivo

A interpretação de método científico indutivista e positivista, profundamente influenciada pelo empirismo, via o processo do conhecimento como consequência de um mero registro das impressões sensoriais extraídas dos fatos no intelecto, originando as leis e as teorias com o auxílio da lógica. Colocava, no contexto de descoberta, a observação do fato ou do fenômeno como o ponto de partida para o desencadeamento da investigação e para o surgimento das hipóteses que seriam posteriormente testadas e generalizadas. Identificavam fatos a serem investigados e não problemas.

A partir da ciência contemporânea, porém, apresenta-se o processo do conhecer como resultado de um questionamento elaborado pelo sujeito que põe em dúvida o conhecimento já produzido, por percebê-lo ou como teoricamente inconsistente, ou mesmo incompatível com outras teorias, ou como inadequado para explicar os fatos. Na ciência contemporânea, a pesquisa é um processo decorrente da identificação de dúvidas e da necessidade de elaborar e construir respostas para esclarecê-las, como muito bem afirma Popper (1977, p. 140-141):

> [...]sugeri que toda discussão científica partisse de um problema, ao qual se oferecesse uma espécie de solução provisória, uma teoria-tentativa, passando-se depois a criticar a solução, com vistas à eliminação do erro, e, tal como no caso da dialética, esse processo se renovaria a si mesmo, dando surgimento a novos problemas.

A investigação científica se desenvolve, portanto, porque há a necessidade de construir e testar uma possível resposta ou solução para um problema, decorrente de algum fato ou de algum conjunto de conhecimentos teóricos. E as soluções elaboradas, enquanto conhecimento, não são espelho fiel que reproduz a realidade, mas teorias criadas que se apresentam como modelos hipotéticos ideais, que utilizam conceitos e símbolos matemáticos especificamente elaborados e desenvolvidos para representá-la e que devem ser rigorosamente testadas e criticadas à luz do conhecimento disponível.

O problema de investigação é aquela dúvida, é aquela pergunta que não consegue ser respondida com o conhecimento disponível. O homem usa as teorias produzidas pela ciência para compreender, explicar, descrever os fatos existentes e mesmo prever os futuros. Domina o conhecimento e o utiliza como rede para compreender e explicar o mundo. Há, contudo, fatos que essas teorias não conseguem explicar. Nesses casos levantam-se perguntas, dúvidas, que estão sem resposta no quadro do conhecimento disponível. Ou então, à luz de novos referenciais teóricos, questiona-se a confiabilidade daquelas teorias enquanto explicações válidas para determinados casos, percebendo nelas inconsistências ou lacunas que devem ser corrigidas ou eliminadas.

Diz Popper (1978, p. 14): "[...] cada problema surge da descoberta de que algo não está em ordem com o nosso suposto conhecimento; ou, examinado logicamente, da descoberta de uma contradição interna entre nosso suposto conhecimento e os fatos". O problema de investigação, portanto, surge da crise do conhecimento disponível, enquanto modelo teórico insuficiente para explicar os fatos.

A ciência não é a mera observação de fenômenos. Identifica-se, à luz de um conhecimento disponível, problemas decorrentes dos fenômenos. A percepção de problemas é uma percepção impregnada de fundo teórico. Um fato em si mesmo não tem relevância alguma, não diz nada. Ele passa a ter relevância, pertinência, quando relacionado a um problema, a uma dúvida, a uma questão que precisa de resposta[32]. Apenas isso justifica uma investigação.

Só quem conhece é capaz de se propor problemas. À medida que cresce a ciência, que evolui o seu conhecimento, com teorias mais amplas, cresce também a capacidade de o homem perceber problemas. As teorias científicas iluminam o caminho do pesquisador. A percepção de problemas está diretamente relacionada ao uso de teorias. Sem elas ele se torna cego e incapaz de perceber as dificuldades que estão no seu caminho.

Identificado o problema, o investigador começa a conjeturar sobre as possíveis soluções que poderiam explicá-lo. Esse momento depende quase que exclusivamente da competência do investigador, do domínio das teorias relacionadas à dúvida, da capacidade criativa de propor ideias que sirvam de hipóteses, de soluções provisórias que deverão ser confrontadas com os dados empíricos através de uma testagem. Nessa fase os mais diversos fatores poderão influenciá-lo na produção das explicações. Há dezenas de formas heurísticas[33]. Não há um único caminho. O domínio do conhecimento teórico disponível é fundamental e habilita melhor o investigador. Não se

---

32. Exemplo. *Fato acontecido*: Em uma linha de transmissão de eletricidade para os bondes observou-se um desgaste ocorrido em apenas 4% da extensão dos fios, com risco de ruptura, enquanto que nos outros 96% da extensão da linha os fios permaneciam em bom estado. *Pergunta*: Por que apenas em alguns locais havia esse desgaste? Esse fato pode ser investigado sob diferentes ângulos de interesse, sob diferentes enfoques teóricos, gerando diferentes problemas de investigação. *Problemas:* um *físico* pode investigar a relação que pode haver entre o desgaste e a pressão dos troles no contato com os fios, a velocidade, o estado dos fios e outras variáveis; um *engenheiro metalúrgico* se preocupará em medir o desgaste e relacioná-lo com possíveis variações na composição dos elementos utilizados na fundição do fio; um *economista* se preocupará em relacioná-lo com os custos e possíveis prejuízos; um *engenheiro civil*, aliado a outros teóricos, avaliará a relação do desgaste com as vibrações ocasionadas pelo tipo de apoio dado pelas vigas de sustentação (MOLES, 1971, p. 57).

33. Ver Moles, 1971.

pode, porém, afirmar que as hipóteses são deduções logicamente inferidas das teorias. A lógica auxilia o pesquisador a colocar em ordem as ideias, mas não pode ser encarada como um instrumento de descoberta. A imaginação e a criatividade exercem um papel fundamental no processo de elaboração das hipóteses, pois é através delas que se rompe a forma usual de perceber as relações que há entre os diferentes fenômenos e se propõe novas relações, percebendo novos problemas e novas soluções.

O contexto de descoberta opera num nível experimental. O sistema explicativo, formalizado através das teorias, é resultado da tentativa de o pesquisador propor um modelo teórico de uma possível ordem que pode haver por trás dos fenômenos. Operar no nível experimental é trabalhar com conjecturas, com palpites, com suspeitas, com hipóteses, com pistas, que são criadas, construídas, elaboradas no nível da imaginação, que utiliza as crenças e os conhecimentos teóricos já existentes como uma, e não a única, das bases de sustentação dessas possíveis hipóteses. O experimento ocorre, em primeiro lugar, no cérebro do investigador[34]. Os passos de uma pesquisa são o resultado de um planejamento elaborado pelo pesquisador para testar hipóteses construídas como solução de um problema.

A ciência atual reconhece que não há regras para o contexto de descoberta, assim como não as há para a arte. A atividade do cientista se assemelha às do artista. Caminhos os mais variados podem ser seguidos pelos diversos pesquisadores para produzir uma explicação.

2.2.4.3 O contexto de justificação do método científico hipotético-dedutivo

Não há uma lógica da descoberta. Pode haver, contudo, uma lógica da validação das hipóteses. Uma vez criadas as hipóteses, o que a investigação científica pode se propor como tarefa é submetê-las a uma crítica sistemática e severa com a finalidade de avaliar a sua validade, isto é, a sua correspondência com os fatos (verdade semântica). Como já foi visto, o procedimento indutivista de recolher provas positivas favoráveis a uma hipótese com o objetivo de acumulá-las para demonstrar a sua veracidade não é correto, pois apenas uma prova negativa seria suficiente para demonstrar sua falsidade. Além do mais, toda a observação está sempre impregnada de teoria. Qual é o critério, então, que deve ser considerado para avaliar a validade de uma hipótese?

---

34. KOYRÉ Alexandre, em *Estudos de história do pensamento científico,* 1982, p. 208-255, faz uma análise detalhada da importância do experimento imaginário na ciência. Utilizando o exemplo de Galileu, mostra como a imaginação, operando com objetos e condições teoricamente perfeitos, elabora e testa, através de instrumentos e técnicas matemáticas, suas hipóteses. E isso pode ser observado não apenas em Galileu, mas em todos os grandes cientistas de diferentes época e áreas de conhecimento.

Em primeiro lugar há de se ter clareza dos limites e limitações das teorias com as quais se trabalha. O quadro teórico que se utiliza não serve apenas para fundamentar a plausibilidade das hipóteses sugeridas como explicação ou solução do problema, mas também para criar e determinar os instrumentos e as técnicas de pesquisa, bem como os parâmetros que interferem na interpretação dos dados[35].

Popper (1975, p. 94) propôs que as hipóteses devem ser submetidas a condições de falseabilidade através do método crítico. Esse método consiste em propor hipóteses ousadas que possam ser submetidas a testes cruciais, com o objetivo de oferecer as mais severas condições para a localização de possíveis erros. Proposta a hipótese, deve-se dela deduzir logicamente consequências expressas em uma linguagem comum em que predominam termos de observação. Essa tradução proporciona a passagem da linguagem de um nível mais abstrato da ciência para um menos abstrato que contenha um conteúdo diretamente empírico que possibilite a observação e a testagem. Através desses enunciados de conteúdo observacional, pode-se especificar antecipadamente quais são os confirmadores – as evidências – e os falseadores potenciais – as contraevidências – da hipótese e então submetê-la à experimentação tentando falseá-la. A hipótese não será rejeitada se aguentar os testes de rejeição e permanecerá provisoriamente como corroborada. Se no confronto com a base empírica não aguentar às contraevidências, será rejeitada.

É o método da tentativa e erro. O seu uso permite identificar os erros da hipótese para posterior correção. Ela não imuniza a hipótese contra a rejeição, mas, ao contrário, oferece todas as condições para, se não for correta, que seja refutada. E é esse critério, segundo Popper, o da falseabilidade, que deve demarcar a ciência da não-ciência e que oferece maior segurança para os resultados alcançados. Se uma hipótese for falseável, será considerada científica. Para que haja a falseabilidade deve-se oferecer condições de falseabilidade intersubjetiva, explicitando-se os falseadores potenciais, isto é, quais os possíveis resultados que podem ser incompatíveis com a hipótese formulada[36].

---

35. Ver o exemplo sobre a compressibilidade dos gases que Duhem utiliza para mostrar a inseparabilidade que há entre a teoria e a elaboração dos instrumentos de observação e de medida e a interpretação dos seus resultados, examinado no próximo capítulo: "Leis e teorias".

36. A hipótese *"todos os homens têm um complexo de Édipo, quer de forma manifesta ou reprimida"* não possibilita indicar situações falseadoras, assemelhando-se a uma tautologia que só pode ser confirmada pelas evidências empíricas, não sendo, portanto, científica. Contudo, para a hipótese *"entre crianças do meio rural, a reprovação escolar está diretamente relacionada com a subnutrição"* pode-se prever falseadores potenciais capazes de infirmá-la, como, por exemplo, o número de crianças subnutridas que podem ser aprovadas.

No entanto, a prática da pesquisa não funciona dessa forma. A história da ciência está cheia de exemplos chamados "recalcitrantes" de teorias e hipóteses que, apesar de terem provas falseadoras, continuaram a ter aceitação na comunidade científica.

Não é suficiente, então, apenas submeter uma hipótese a testes isolados, confrontando-a exclusivamente com a sua base empírica. Essa fase é necessária, mas não é suficiente. Há a necessidade, ainda, de confrontá-la também com outras hipóteses concorrentes, comparando o seu desempenho com o de outras hipóteses e teorias. Nesse confronto deve-se procurar responder à questão: a hipótese que está sendo testada explica mais do que as outras (tem um excesso de conteúdo empírico corroborado em relação às outras)[37]? Até que ponto a hipótese testada nesta investigação explica mais do que as outras, explica o que as outras não explicavam e prediz o que as outras não prediziam? Até que ponto esse excesso de conteúdo informativo é corroborado? A avaliação de uma hipótese não se dá, portanto, exclusivamente numa situação isolada de confronto com sua base empírica, em que se possa atribuir um único valor de verdade, à luz do referencial teórico utilizado pelo pesquisador. A avaliação se dá num nível pragmático que compara resultados de desempenho do confronto de diferentes hipóteses com os fatos, interpretadas por diferentes pesquisadores e à luz de um pluralismo teórico (intersubjetividade). Para isso é necessário domínio teórico aprofundado e atitude crítica constante.

Uma vez testada e avaliada a hipótese, não é conveniente afirmar "a hipótese foi aceita", ou confirmada, pois jamais um experimento a confirma, ou a valida em sentido positivo, por maior severidade, controle e rigor que tenham sido adotados. Deve-se afirmar "a hipótese não foi rejeitada", isto é, a partir das provas de não se ter encontrado algo em contrário quando submetida a testes de falseabilidade e confrontada com o resultado de outras teorias, ela passa a proporcionar uma aceitação temporariamente válida. O valor de uma teoria está em sua corroboração, isto é, no fato de não ter sido ainda rejeitada, após ter passado por severas provas. O que lhe dá garantias

---

37. Cf. POPPER, Karl R. *Conjeturas e refutações. O progresso do conhecimento científico,* 2. ed., Brasília, Editora Universidade de Brasília, 1982, p. 258-259. Popper lista seis situações em que se pode comparar entre uma teoria anterior *t1* e outra posterior *t2* para verificar qual delas corresponde melhor aos fatos: "1) quando *t2* faz assertivas mais precisas do que *t1,* as quais resistem a testes que são também mais precisos; 2) quando *t2* leva em consideração ou explica mais fatos do que *t1*; 3) quando *t2* descreve ou explica os fatos com maiores detalhes do que *t1*; 4) se *t2* resistiu a testes que refutaram *t1*; 5) se *t2* sugere novos testes experimentais, que não haviam sido considerados antes da sua formulação, conseguindo resistir a eles; 6) se *t2* permitiu reunir ou relacionar entre si vários problemas que até então pareciam isolados".

de que o resultado é seguro não são as confirmações, sua validação empírica em sentido positivo, como acreditavam os indutivistas, mas a corroboração, a sua validação empírica em sentido negativo.

Popper (1975, p. 34), que introduziu esse novo critério, afirma:

> Importa acentuar que uma decisão positiva só pode proporcionar alicerce temporário à teoria, pois subsequentes decisões negativas sempre poderão constituir-se em motivo para rejeitá-la. À medida que a teoria resista a provas pormenorizadas e severas, e não seja suplantada por outra, no curso do "progresso científico, poderemos dizer que ela comprovou a qualidade" ou foi "corroborada" pela experiência passada.

Para que ocorra a possibilidade da corroboração deve-se utilizar a formulação de hipóteses e aplicar a inferência dedutiva. Convém ressaltar que, se um ou mais casos positivos em um teste de hipóteses não são suficientes para confirmá-la, somente um caso negativo é suficiente para rejeitá-la.

O padrão de inferência dedutiva *modus tollendo tollens* é o seguinte:

Se H é verdadeiro, então C1 também o é.
Ora, C1 não é verdadeiro.
Logo, H não é verdadeiro.

Utilizando-se a inferência dedutiva, se as premissas são verdadeiras a conclusão sempre será verdadeira, não extrapolando nunca o domínio da hipótese.

A consequência prática em termos de investigação científica é que o pesquisador jamais estará preocupado em buscar apenas casos positivos para confirmar sua hipótese, mas deverá submetê-la a testes rigorosos com o intuito de encontrar algum caso que a falseie. Se após passar pelos mais variados testes, nas mais variadas circunstâncias, a hipótese ainda se mantiver incólume, então poderá se dizer que ela está corroborada. Se, porém, os falseadores potenciais forem confirmados, isto é, se a hipótese for rejeitada por alguma evidência empírica, o pesquisador deverá retornar ao ponto inicial da pesquisa reavaliando todo o seu trabalho, podendo reformular suas hipóteses aumentando-lhes seu conteúdo ou criar outras e submetê-las a uma nova testagem.

Convém ressaltar que essa atitude crítica adotada na investigação científica, somada à capacidade altamente imaginativa, conduz mais rapidamente a ciência ao progresso e aperfeiçoamento de suas teorias. No entanto, esse progresso não pode ser visto como um acúmulo de teorias que se aperfeiçoam simplesmente. É um crescimento que provoca, muitas vezes, uma derrubada e substituição de teorias, sucateando rapidamente o conhecimento existente. É essa atitude crítica, portanto, que torna conscientes os limites de confiabilidade que podem ser depositados em um resultado científico.

Não há, portanto, critérios unívocos e necessários, ditados por uma natureza ou razão universal, que possam ser utilizados para a interpretação da validade de uma teoria. Onde buscar, então, os critérios para decidir sobre o valor de uma teoria? De acordo com Duhem (1993), a instância objetiva que proporciona esses critérios é fornecida pela história da ciência. Por ela podemos investigar os passos seguidos e os fatores que fundamentaram o desenvolvimento e a aceitação das teorias.

2.2.4.4 Ciência e não ciência: como demarcar?

Se o que distinguia a ciência da não ciência era a verificabilidade e essa é impossível, então, o que a distingue?

Popper (1902-1994) afirma que a ciência não progride pelo acúmulo de verdades superpostas, mas por revoluções constantes. Analisando-se a história da ciência, constata-se que muitos dos seus princípios básicos foram modificados ou substituídos em função de novas conjeturas ou de novos paradigmas. Assim, Galileu modificou parte da mecânica de Aristóteles. O mesmo fez Einstein com relação às teorias de Newton. As conclusões da investigação científica não se sustentam em princípios autoevidentes ou em provas conclusivas e, consequentemente, não são necessariamente verdadeiras. Popper (1975, p. 305) afirma que "a ciência não é um sistema de enunciados certos ou bem estabelecidos, [...] ela jamais pode proclamar haver atingido a verdade ou um substituto da verdade, como a probabilidade". Para ele, há uma atitude crítica permanente na ciência, que consiste na atitude do cientista em adotar procedimentos que tentem localizar os possíveis erros de suas teorias, através de testes de falseabilidade e do confronto com outras teorias, para substituí-las por outras que não contenham os erros da anterior e com maior conteúdo informativo. Dessa forma, segundo Popper, a ciência progride pela permanente correção de seus erros e pela audácia de seus pesquisadores na formulação de novas hipóteses.

Thomas Kuhn (1978, p. 43-55), discípulo de Popper, destaca principalmente a historicidade das descobertas científicas. Para ele, nos períodos de normalidade da ciência, desenvolvem-se linhas de pesquisa, com a colaboração da comunidade científica que trabalha de forma coletiva e convergente, dentro e sob a orientação do mesmo paradigma, aperfeiçoando e articulando suas teorias. Durante esse período, contrariamente ao que afirma Popper, não há a preocupação de criar novas teorias e nem de tentar falseá-las. O surgimento de novas teorias, segundo Kuhn, aconteceria em períodos extraordinários, em momentos de crise em que o paradigma vigente não consegue mais explicar os novos problemas que vão surgindo. Como afirma Kuhn, apenas em períodos extraordinários haveria a mudança de paradigmas. No período da ciência normal haveria a adesão da comunidade científica ao paradigma vigente.

Outra versão para explicar o desenvolvimento da ciência é dada por Imre Lakatos (1922-1974), que não concorda com a explicação kuhniana. Para Lakatos (1983, p. 14-16), as revoluções científicas não são mudanças repentinas e irracionais de pontos de vista. Para ele a ciência não é uma sequência de ensaio e erro ou conjeturas e refutações, como também não são os êxitos de uma teoria que demonstram a sua veracidade. Não há na ciência uma racionalidade instantânea. A refutação de uma teoria só acontece quando há outra melhor para substituí-la.

A concepção contemporânea de ciência está muito distante das visões aristotélica e moderna, nas quais o conhecimento era aceito como científico quando justificado como verdadeiro. O objetivo da ciência ainda é o de tentar tornar inteligível o mundo, é atingir um conhecimento sistemático e seguro de toda a realidade. No entanto, a concepção de ciência na atualidade é a de ser uma investigação constante, em contínua construção e reconstrução, tanto das suas teorias quanto dos seus processos de investigação. A ciência não é um sistema de enunciados certos ou verdadeiros. Para Popper (1975, p. 308), "o velho ideal da 'episteme' – do conhecimento absolutamente certo, demonstrável – mostrou não passar de um 'ídolo'. A exigência da objetividade científica torna inevitável que todo enunciado científico permaneça provisório para sempre". Essa transitoriedade dos resultados da atividade científica – suas teorias – provém do fato de, além de ter que se submeter permanentemente à crítica objetiva, ser um produto criativo do espírito humano, de sua imaginação, e não a de ser "uma revelação discursiva do real", copiando da natureza o conhecimento que dela precisa.

Não é a ciência o produto de um processo meramente técnico, mas um produto do espírito humano. A imagem inteligível do mundo proporcionada pela ciência é construída à imagem da razão e apenas contrastada com esse mundo exterior. Bachelard (1968, p. 19) afirma que

> a ciência suscita um mundo, não mais por um impulso mágico, imanente à realidade, mas antes por um impulso racional imanente ao espírito. Após ter formado, nos primeiros esforços do espírito científico, uma razão à imagem do mundo, a atividade espiritual da ciência moderna dedica-se a construir um mundo à imagem da razão. A atividade científica realiza, em toda a força do termo, conjuntos racionais.

Para que haja ciência há necessidade de dois aspectos: um subjetivo, o que cria, o que projeta, o que constrói com a imaginação a representação de seu mundo segundo as necessidades internas do pesquisador, e outro objetivo, o que serve de teste, de confronto. Há leis tanto num quanto noutro. O objetivo é conhecê-las. E à medida que as formos desvendando, a ciência reformula, atualiza aqueles conhecimentos provisórios.

Esses dois aspectos é que fundamentam o caráter inovador no espírito científico contemporâneo.

Os conhecimentos auferidos pela ciência são passíveis de alteração. Não se pode, porém, cair num ceticismo total. Nem se pode afirmar que a ciência é um fluxo instável de opiniões. A ciência procura satisfazer seus anseios de busca de conhecimento sistemático e seguro. A ciência está ciente de não estar perseguindo uma ilusão de respostas finais a seus problemas. Ela simplesmente eliminou aquele ídolo da certeza que barrou por muitos séculos o seu desenvolvimento.

A ciência apenas está demonstrando que é capaz de fornecer respostas dignas de confiança, submetidas continuamente a um processo de revisão crítica, bem fundadas e sistemáticas. Segundo Popper (1975, p. 308), "a visão errônea da ciência se trai a si mesma na ânsia de estar correta, pois não é a posse do conhecimento, da verdade irrefutável, que faz o homem de ciência – o que o faz é a persistente e arrojada procura crítica da verdade".

Essa segurança a ciência a adquire por procurar ser metódica. Um dos aspectos mais positivos que deve ser salientado na ciência atual é a preocupação constante pelo aperfeiçoamento e correção dos métodos de investigação. Cada ramo da ciência procura definir que métodos são mais confiáveis, quais possibilitam eliminar mais facilmente o erro e, principalmente, quais proporcionam melhores condições de crítica objetiva desenvolvida pela comunidade científica.

A ciência, analisando sua evolução histórica, demonstra ser uma busca, uma investigação contínua e incessante de soluções e explicações para os problemas propostos. Como busca sistemática, ela revisa as teorias fundamentadas em evidências do passado, reformula-as através da análise de sua coerência interna, submetendo-as a uma revisão crítica, estabelecendo relações e confrontando-as com outras teorias, formulando novas hipóteses e propondo condições o máximo seguras para sua testabilidade. O resultado crítico do confronto empírico e teórico poderá dizer se há ou não um novo conhecimento, que terá uma aceitação provisória.

A ciência, em sua compreensão atual, deixa de lado a pretensão de taxar seus resultados de verdadeiros, mas, consciente de sua falibilidade, busca saber sempre mais. O que alcança é a aproximação da verdade, através de métodos que proporcionam um controle, uma sistematização, uma revisão e uma segurança maior do que as formas convencionais não científicas ou pré-científicas. E é esse aspecto que dá à ciência essa nova conotação: a de ser um processo de investigação, consciente de todas as suas limitações e do esforço crítico de submeter à renovação constante seus métodos e suas teorias. A atitude científica atual é a atitude crítica.

2.2.5 A aplicação do método científico: o estudo de um caso

ROSENBERG E A IMUNOTERAPIA PARA O TRATAMENTO DO CÂNCER[38]

Steven A. Rosenberg, cirurgião norte-americano e biofísico, foi pioneiro no desenvolvimento de estratégias biológicas para o tratamento do câncer. Por mais de vinte anos chefiou o grupo de pesquisadores que investigou a possibilidade de desenvolver o potencial anticancerígeno inato do sistema imune, baseado na transferência de células.

FATO – A sua pesquisa, publicada num artigo no *Scientific American*, relata que em 1968, um *fato* inusitado o intrigou: participou da cirurgia para extirpar a vesícula de um homem de 63 anos, por causa das dores que tinha devido aos cálculos biliares. Doze anos antes, havia feito neste mesmo paciente outra cirurgia para lhe extirpar um tumor de câncer no estômago. Naquela ocasião, o tumor do estômago fora extirpado, mas como o câncer já havia se alastrado para o fígado e não havia mais o que fazer, foi mandado para casa sem tratamento, com a esperança de vida de apenas alguns meses. Três meses depois voltou apresentando melhoras sensíveis. Assim continuou por mais algum tempo, até que deixou de visitar o médico. Porém, mais de dez anos após, quando Rosenberg o operou da vesícula, para espanto seu, o câncer deste mesmo paciente havia desaparecido totalmente de forma espontânea.

PROBLEMA – O que acontecera? Fatos como este são extremamente raros na medicina. Estimulado por esse *fato* e sustentado nos **conhecimentos** de imunologia, Rosenberg alimentou a suspeita de que o câncer de seu paciente havia desaparecido em função do seu organismo haver espontaneamente desenvolvido um sistema imunológico natural. A *pergunta* que Rosenberg formulou foi: Se, de fato, a sua suspeita tivesse fundamento, não seria então possível desenvolver *"uma imunoterapia para o câncer, isto é, um tratamento que permitisse incrementar* (no organismo humano) *o potencial* (latente) *inato do sistema imune para eliminar as células cancerígenas"?*

HIPÓTESE GERAL – O que fez Rosenberg? Durante mais de dez anos, no Instituto Nacional do Câncer norte-americano, tentou *responder a essa pergunta* através de pesquisas experimentais que *testavam hipóteses* construídas para a imunoterapia con-

---

38. ROSENBERG, Steven A. Inmunoterapia del cáncer. In: *Investigación y ciencia,* Barcelona, Prensa Científica, n. 166, jul. 1990, p. 26-34. Apresentamos uma síntese do artigo de Rosenberg com a finalidade de servir de referência e exemplo para a análise do ciclo e dos elementos que estão presentes no método científico.

tra o câncer. A *hipótese geral* que Rosenberg perseguiu, como *modelo teórico* que orientou suas *hipóteses específicas*, foi a de desenvolver a *imunoterapia adotiva*, isto é, uma terapia baseada na transferência de células, como ele próprio explica:

> Extraímos células que participam na defesa imune de um paciente com câncer, e as "educamos" para que reajam contra o câncer, ou estimulamos seu próprio potencial anticancerígeno. Em seguida, as devolvemos à corrente sanguínea. Junto com as células do sistema imune, ou independentemente, administramos também moléculas que desempenham um papel importante na resposta imune. Com estas moléculas que podem se desenvolver massivamente, graças às técnicas do ADN recambiante, pretendemos estimular diretamente a atividade anticancerígena das células do sistema imune do corpo. São várias as versões de nossos tratamentos que se utilizam em muitos centros hospitalares (p. 34).

Tradicionalmente a medicina utiliza três técnicas diferentes para combater os tumores cancerígenos: a cirurgia, para extirpá-los, a radioterapia, que os bombardeia com radiações, e a quimioterapia, que atua com a administração sistemática de drogas para destruí-los. A imunoterapia seria uma quarta técnica que seria acrescentada.

REFERENCIAL TEÓRICO – O desenvolvimento da imunologia e da engenharia genética, desenvolvidos principalmente nas décadas de setenta e oitenta, proporcionaram os conhecimentos que serviram de *referencial teórico* para fundamentar as hipóteses com as quais a equipe de Rosenberg trabalharia. A descrição que ele dá é a seguinte:

> A resposta imune implica a ação integrada de um exército de diferentes tipos celulares, entre os quais se encontram monócitos, macrófagos, eosinófilos, basófilos e linfócitos. As células do sistema imune distinguem-se das de outros órgãos em que não estão em permanente contato mútuo. Ao invés disso, circulam por todo o corpo, movendo-se com liberdade dentro e fora dos sistemas circulatório e linfático.

> Cada tipo de célula desempenha uma função diferenciada, ainda que possam interacionar entre elas e inclusive regular suas atividades umas com as outras. O comandante e também imprescindível soldado raso deste exército é o linfócito. Há duas classes principais de linfócitos: as células T e as células B. Delas decorre a especificidade da resposta imune.

> As células B governam a resposta imune humoral, ou mediada por anticorpos, que neutraliza as bactérias e outros invasores. Cada célula B somente é capaz de reconhecer a um antígeno, molécula que identifica a uma bactéria ou a outro invasor como "forasteiro". As células B ativadas segregam anticorpos circulantes que se unem aos antígenos ou aos corpos portadores de antígenos, e os "marcam" para sua posterior destruição por outros componentes do sistema imune.

> As células T dirigem a imunidade mediada por células, isto é, a destruição por parte de células do sistema imune dos tecidos forasteiros ou células infectadas. Há vários tipos de células T; entre elas se encontram as "coadjuvantes" e "su-

pressoras", que modulam a resposta imune, e as citotóxicas (ou assassinas), que podem matar diretamente as células anormais. Como as células B, as T carregam também receptores para somente um antígeno. A célula T, uma vez que reconhece e se une ao antígeno situado sobre a superfície de outra célula, se ativa, isto é, se multiplica e, se é citotóxica, mata a célula com a qual entrou em contato. As células cancerosas apresentam, às vezes, antígenos que não se encontram nas sãs; portanto, podem potencialmente ativar as células T portadoras de receptores para tais antígenos.

Descobrimentos realizados nas décadas de setenta e oitenta manifestaram que as células do sistema imune controlam suas atividades, comumente entre si, produzindo pequenas quantidades de citocinas, hormônios muito potentes. Estas recém-identificadas proteínas, entre as quais se encontram as linfocinas (hormônios segregados pelos linfócitos) e monocinas (produto de monócitos e macrófagos), diferem dos clássicos hormônios, como a insulina, que costumam atuar localmente e não circulam pelo sangue.

HIPÓTESE ESPECÍFICA – A **primeira hipótese** investigada foi a de *utilizar a capacidade imunológica dos linfócitos circulantes e estimular a sua atividade anticancerígena*. Contudo, havia uma dificuldade para ser superada: a de isolar e retirar dos tumores dos pacientes esses linfócitos com atividade anticancerígena e multiplicá-los em cultivo para depois injetá-los nos pacientes.

TESTE – Várias tentativas foram feitas. A primeira foi em 1968. Rosenberg realizou uma transfusão do sangue de seu paciente, que já estava curado do câncer, para outro paciente em estado terminal, que também estava com câncer de estômago. Nenhum efeito foi observado neste paciente. A segunda foi injetar em vários pacientes portadores de câncer linfócitos retirados de porcos previamente imunizados contra os cânceres. Também não apresentou nenhum resultado positivo.

NOVAS TEORIAS E NOVAS HIPÓTESES – As dificuldades para se isolar os linfócitos fez com que parassem os experimentos, até que em 1976 Robert C. Gallo descobriu a interleucina-2 (IL-2), uma citocina que é produzida pelas células *T* e promovem a sua duplicação e das células *T* citotóxicas estimuladas por antígenos. Esta descoberta, somada ao desenvolvimento de métodos para cultivar grandes quantidades de clones de célula *T*, abriu uma *nova opção*: a de isolar, em um paciente, uma quantidade de células *T* reativas frente ao tumor, multiplicar os linfócitos no laboratório para posterior uso na terapia de transferência celular.

TESTE – Esta **hipótese** foi testada em ratos, para verificar o seu funcionamento. A conclusão dos estudos em 1981, feitos por Maury Rosenstein, demonstrou que as células cultivadas podiam induzir à regressão de câncer nos ratos.

TEORIAS, IMAGINAÇÃO E NOVAS HIPÓTESES – A partir desses resultados vários estudos foram desenvolvidos por médicos, biólogos, bioquímicos e outros pesquisadores. Em 1980, descobriram que os linfócitos provenientes do sangue de pessoas sãs, tratados com interleucina-2, matavam *in vitro* uma grande variedade de células cancerosas. Rosenberg relata dessa forma:

> Iliana Yron e eu supomos que, se o corpo era capaz de desenvolver uma resposta imunológica contra o câncer, o próprio tumor teria provavelmente a maior concentração de linfócitos específicos do tumor. Em colaboração com Paul J. Spiess, biólogo de meu laboratório, Yron cultivou células tumorais com interleucina-2, com o propósito de multiplicar e isolar a população de linfócitos específicos desse tumor. Para surpresa deles, em três ou quatro dias, antes inclusive de que os linfócitos se multiplicassem, as células cancerosas próximas aos leucócitos do cultivo morriam. Dava a impressão de que a interleucina-2 tinha uma atividade desconhecida até esse momento: estimulava determinados linfócitos de forma que reconhecessem e matassem as células cancerosas (p. 29).

Essas células ativadas foram chamadas de células assassinas (LAK, de "Lymphokine-Activiated Killer"), pois logo que tratadas com IL-2 passavam a destruir as células cancerosas. Esse fato estimulou à elaboração de uma **hipótese** análoga: *se as células LAK matassem in vitro as células com tumor, então também poderiam ter efeitos benéficos se injetadas em pacientes com câncer.*

TESTES E INTERSUBJETIVIDADE – Essa **hipótese** foi **testada** com sucesso, em 1984, em ratos. Diversos pesquisadores da equipe de Rosenberg chegaram a ***resultados comuns***, mostrando que as células LAK ativadas pela IL-2 aumentavam a atividade dos animais imunizados e que essas células podiam viajar através do corpo para localizar e destruir as células cancerosas.

Em 1984, foi feito o primeiro experimento com seis pacientes, com baixa esperança de vida, tratando-os com células LAK ativadas, obtidas após isolar linfócitos dos próprios pacientes e incubá-los com interleucina-2. Outros 39 pacientes foram tratados apenas com interleucina-2. Nenhum dos pacientes apresentou resultado de reação antitumoral.

O primeiro resultado positivo foi obtido com uma enfermeira de 29 anos, que tinha um melanoma estendido por todo o corpo. A terapia combinou a aplicação de células LAK combinadas com interleucina-2. Após três meses todos os tumores haviam desaparecido.

TESTES, AVALIAÇÃO CRÍTICA DOS RESULTADOS, CONCLUSÕES E LIMITAÇÕES – Outros estudos foram feitos com 150 pacientes com câncer avançado, a maioria tendo já sido submetida à cirurgia para extirpar os tumores. Em 10% dos pacientes com melanoma e com câncer nos rins houve uma redução completa do tumor; em outros 10% portadores de melanoma diminuiu em 50% e 25% dos que tinham câncer nos rins. Além desses resultados a pesquisa mostra uma regressão parcial ou total de câncer avançado com linfomas e a redução ou eliminação de metástases do pulmão, fígado, ossos e pele. Foram encontrados linfócitos e células tumorais mortas em tumores retirados de pacientes que tinham se submetido à imunoterapia.

Estudos semelhantes demonstraram que a aplicação de doses elevadas de interleucina-2 podem também induzir à regressão do câncer. Uma conclusão parcial mostra que a imunoterapia com a administração de células LAK e interleucina-2, ou em alguns casos de interleucina-2, é um tratamento que pode ajudar a 20% dos pacientes com certos cânceres avançados.

Efeitos colaterais e secundários, no entanto, puderam ser constatados e foram descritos por Rosenberg, dentre os quais se destaca o aumento de peso, dificuldade dos pulmões oxigenarem os tecidos e mortalidade (1%).

NOVA HIPÓTESE – Esses resultados, contudo, o incentivaram a buscar células com maior poder anticancerígeno. A **hipótese** que serviu de base foi de que, *se o sistema imune já estava desencadeado para reagir contra o câncer, então o tumor teria uma concentração mais alta de linfócitos sensíveis ao câncer.* Várias técnicas foram então desenvolvidas, como descreve Rosenberg:

> Em um dos métodos, se extirpava, por via cirúrgica, um pequeno tumor de um animal, se o submetia a um processo de digestão enzimática para separar as células, que eram depois cultivadas com interleucina-2 durante várias semanas. Durante esse período, os denominados linfócitos de infiltração do tumor (LIT), linfócitos localizados no tumor, se multiplicavam sob a ativação da interleucina-2. As células LAK deixavam de proliferar ao cabo de uns dez dias. Outros linfócitos, porém, capazes de matar o tumor, seguiam crescendo vigorosamente até terminar por destruir o próprio tumor. Analisamos estes LIT que proliferavam e estudamos seus efeitos em animais. Os LIT que invadiam o cultivo resultaram ser as clássicas células T citotóxicas. À diferença das células LAK, estas sim apresentavam a especificidade que inicialmente buscávamos. Quando são incubadas com as células tumorais *in vitro*, os LIT costumam matar somente as células dos tumores donde procedem e não as outras (p. 32).

TESTES E RESULTADOS – Diversos testes foram feitos com ratos. Os resultados mostraram que as células *LIT* eram de 50 a 100 vezes mais eficazes do que as *LAK* para provocar a regressão do tumor. Em 1988 foram feitos experimentos com humanos. 20 pacientes com melanomas foram submetidos ao tratamento. Células tumorais foram extraídas desses pacientes e cultivadas com interleucina-2 até que morressem e fossem substituídas por uma ativa população de LIT em processo de multiplicação. 200 milhões dessas células, com mais interleucina-2, foram posteriormente injetadas nesses pacientes, por via intravenosa. Em 11 dos pacientes o melanoma sofreu uma redução de 50%, dobrando a eficácia anterior alcançada com o tratamento administrado com as células LAK e interleucina.

TEORIA – Como operam os LIT? A explicação que Rosenberg sugere é a de que os linfócitos se dirigem ao tumor, neles se acumulando. Com a injeção dos LIT começa a destruição das células tumorais, tanto através do contato direto quanto na produção de citocinas capazes de mediar essa destruição.

NOVO PROBLEMA E NOVAS TEORIAS – Os estudos mostraram que é possível utilizar as células existentes nos organismos para combater alguns tipos de câncer. A partir desses novos conhecimentos e resultados a nova pergunta que Rosenberg propõe é: *Podem ser melhoradas as propriedades terapêuticas inatas dessas células realizando em seus gens pequenas mudanças cuidadosamente planejadas?*

Um novo processo de investigação se inicia. Daqui para a frente, não se trata apenas de introduzir células que ativem o potencial imunológico natural existente no ser humano, mas o de estabelecer uma *manipulação genética controlada*.

Trabalhando junto com Blase e Anderson, que já haviam feito experiências com manipulação genética para corrigir defeitos congênitos em humanos, Rosenberg projetou uma estratégia, em duas fases, para realizar ensaios com linfócitos, manipulados por engenharia genética, em pacientes com câncer.

METODOLOGIA E TÉCNICAS – Na primeira fase, já realizada, introduziram um gen forasteiro que completara a síntese de uma proteína, para ser utilizada como marcador e ajudar a estabelecer o destino dos LIT nos pacientes e recuperar as células para serem posteriormente analisadas. Em seguida utilizaram um gen, condutor de informação para uma proteína, responsável pela resistência das bactérias a um antibiótico, à neomicina.

Na segunda fase planejaram inserir nos LIT um gen que intensificasse seu potencial terapêutico, que poderia ser o próprio gen da interleucina-2 ou algum outro. A metodologia consistiria em extirpar um fragmento do tumor de um paciente com melanoma avançado e cultivar os LIT. Após terem morrido as células cancerosas seria introduzida em uma pequena amostra dos LIT o gen de resistência perante a neomicina, através da manipulação de um retrovírus (vírus de ARN). Para que o retrovírus não se reproduzisse, seriam eliminadas as sequências gênicas necessárias, substituindo-as pelo gen de resistência à neomicina. Logo que os retrovírus tivessem modificado os LIT, as células humanas se multiplicariam paralelamente com os LIT originais. Depois de comprovar que isso acontecera, essas células modificadas seriam injetadas nos pacientes, que dessa forma incorporariam também o gene da bactéria, juntamente com doses de interleucina-2, para apressar a sua reprodução.

O teste desse novo tratamento, que utiliza a modificação genética das células de uma pessoa, foi iniciado em 1989 com um paciente. Antes de efetuá-lo, porém, Rosenberg teve de demonstrar, junto ao Comitê de Biosseguridade e para o Comitê Consultivo sobre o ADN, que, além do efeito benéfico, não havia riscos para os pacientes e para a população.

TESTES E RESULTADOS – Nas primeiras pesquisas feitas, com sete pacientes submetidos ao transplante genético, que tinham uma esperança de vida de apenas três meses, sessenta e quatro dias mais tarde puderam ser encontrados os linfócitos marcados pelos genes da bactéria combatendo os tumores. Após um ano, em um paciente o tumor desaparecera e nos outros os tumores regrediram.

Rosenberg reconhece que é prematuro falar na cura do câncer. As pesquisas e estudos continuam. E segundo ele mesmo afirma, "o potencial terapêutico dos linfócitos geneticamente modificados transcende o tratamento do câncer" e diversas outras doenças poderiam ser tratadas. E, perante os resultados obtidos, diz: "O que uma vez foi intuição está-se convertendo em realidade" (p. 34).

Leituras complementares

Ciência

Embora não possa alcançar a verdade e nem a probabilidade, o esforço por conhecer e a busca da verdade continuam a ser as razões mais fortes da investigação científica (POPPER, 1975, p. 506).

A verdade científica é uma predição, ou melhor, uma pregação. Convocamos os espíritos à convergência, anunciando a nova científica, transmitindo de uma só vez um pensamento e uma experiência, ligando o pensamento à experiência numa verificação: o mundo científico é, pois, nossa verificação. Acima do sujeito, além do objeto imediato, a ciência moderna se funda sobre o projeto. No pensamento científico, a meditação do objeto pelo sujeito toma sempre a forma de projeto (BACHELARD, 1968, p. 18).

A ciência jamais persegue o objetivo ilusório de tornar finais ou mesmo prováveis suas respostas. Ela avança, antes, rumo a um objetivo remoto e, não obstante, atingível: o de sempre descobrir problemas novos, mais profundos e mais gerais, e de sujeitar suas respostas, sempre provisórias, a testes sempre renovados e sempre mais rigorosos (POPPER, 1975, p. 308).

A tarefa crítica da ciência não é completa e jamais o será, pois é mais do que truísmo dizer que não abandonamos metodologias e superstições, mas apenas substituímos as velhas variações por novas (MEDAWAR, 1974, v. 26, n. 12, p. 1107).

[...] as ideias metafísicas são com frequência as precursoras de ideias científicas (POPPER, 1977, p. 87).

[...] se constitui negando os saberes pré-científicos ou ideológicos. Mas permanece aberta como sistema, porque é falível e, por conseguinte, capaz de a fazer progredir. A ciência é um discurso aproximativo, provisório e incessantemente susceptível de retificação e questionamentos, porque seu próprio método se apresenta sempre como perfectível (JAPIASSU, 1975, p. 177).

A racionalidade do homem consiste não em não ser inquiridos em questões de princípio, mas em nunca deixar de ser inquiridor; não em aderir a axiomas admitidos, mas em nada aceitar como assentado (RYLE apud POPPER, 1977, p. 133).

A ciência, considerada como corpo completo de conhecimento, é a mais impessoal das obras humanas; mas, se considerada como projeto que se realiza progressivamente, é tão subjetiva e psicologicamente condicionada quanto qualquer outro empreendimento humano (EINSTEIN apud THUILLIER, 1979, p. 24).

Para o filósofo, a ciência é interessante em suas teorias abstratas; para a pessoa na rua, ela é valiosa por suas realizações práticas; mas é a unidade entre a teoria e a prática que o cientista mais aprecia e que enfatiza em seu ensino (ZIMAN, 1996, p. 171).

A ciência clássica, a ciência mítica de um mundo simples e passivo, está prestes a morrer, liquidada não pela crítica filosófica nem pela resignação empirista, mas sim por seu próprio desenvolvimento. [...] Julgamos que a ciência hodierna escapa ao mito newtoniano por haver concluído teoricamente pela impossibilidade de reduzir a natureza à simplicidade oculta de uma realidade governada por leis universais. A ciência de hoje não pode mais dar-se o direito de negar a pertinência e o interesse de outros pontos de vista e, em particular, de recusar compreender os das ciências humanas, da filosofia e da arte (PRIGOGINE, STENGERS, 1984, p. 41).

Jean Guitton – Posso imaginar um tal abalo: as teorias mais recentes acerca dos primórdios do universo apelam, no sentido literal do termo, para noções de ordem metafísica. Um exemplo? A descrição feita pelo físico John Wheeler dessa 'alguma' coisa que precedeu a criação do universo: *Tudo o que conhecemos encontra sua origem num oceano infinito de energia que tem a aparência do nada.*

Grichka Bogdanov – Segundo a teoria do campo quântico, o universo físico observável é constituído de flutuações menores num imenso oceano de energia. As partículas elementares e o universo teriam como origem esse "oceano de energia": o espaço-tempo e a matéria não só nascem nesse plano primordial de energia infinita e de fluxo quântico, como também são permanentemente animados por ele. O físico David Bohm considera que a matéria e a consciência, o tempo, o espaço e o universo representam um 'marulho' ínfimo, comparado à imensa atividade do plano subjacente que, por sua vez, provém de uma fonte eternamente criadora, situada além do espaço e do tempo (GUITTON, 1992, p. 31).

Método

Os cientistas realizam descobertas de várias maneiras, conforme a matéria que estudam, os meios de que dispõem e seus traços pessoais. Método científico é versão bem simplificada daquilo que acontece ou que pode acontecer no processo de realização de descobertas. Uma descrição do método científico relaciona-se com a pesquisa original como a gramática se relaciona com a linguagem cotidiana ou com a poesia. Uma estrutura formal qualquer está por trás do que é feito, dito ou escrito, mas a pesquisa mais frutífera, tal como a comunicação mais eficaz ou a poesia tocante, é, com frequência, não metódica; e, aparentemente, chega a violar tantas regras quantas observa (WEATHERALL, 1970, p. 3-4).

Método científico implica, portanto, em suceder alternativo de reflexão e experimento. O cientista elabora ideias ou hipóteses definidas, à luz do conhecimento disponível; concebe e realiza experimentos para verificar essas hipóteses. O conhecimento se amplia e o ciclo prossegue, indefinidamente, sem que nunca se alcance a certeza absoluta, mas sempre conseguindo generalidade maior e possibilitando crescente controle do ambiente (WEATHERALL, 1970, p. 5).

As regras metodológicas são aqui vistas como convenções. (...) O jogo da ciência é um princípio interminável. Quem decide, um dia, que os enunciados científicos não mais exigem prova, e podem ser vistos como definitivamente verificados, retira-se do jogo (POPPER, 1975, p. 55-56).

Pode-se dizer que a segurança da ciência depende de que haja homens mais preocupados pela correção de seus métodos que pelos resultados obtidos mediante seu uso, sejam quais forem estes (COHEN & NAGEL, 1971, p. 245).

Como dar nascimento a essas ideias vitais e férteis que se multiplicam em milhares de formas e se difundem por toda a parte, fazendo a civilização avançar e construindo a dignidade do homem, é arte ainda não reduzida a regras, mas cujo segredo a história da ciência permite entrever (PEIRCE, 1972, p. 70).

O método da ciência consiste na escolha dos problemas interessantes e na crítica de nossas permanentes tentativas experimentais e provisórias para solucioná-los (POPPER, 1978, p. 26).

Os métodos científicos se desenvolvem à margem – por vezes em oposições – dos preceitos do senso comum, dos ensinamentos tranquilos da experiência vulgar. Todos os métodos científicos atuantes são em forma de ponta. Não são resumo dos hábitos adquiridos na longa prática de uma ciência. Não se trata de uma sabedoria intelectual adquirida. O método é verdadeiramente uma astúcia de aquisição, um estratagema novo, útil na fronteira do saber.

Em outras palavras, um método científico é aquele que procura o perigo. Seguro de seu acerto, ele se aventura numa aquisição. A dúvida está na frente, e não atrás, como na vida cartesiana (BACHELARD, 1977, p. 122).

Um dos químicos contemporâneos que desenvolveu os métodos científicos mais minuciosos e mais sistemáticos, Urbain, não hesitou em negar a perenidade dos melhores métodos. Para ele, não há método de pesquisa que não acabe por perder sua fecundidade inicial. Chega sempre uma hora em que não se tem mais interesse em procurar o novo sobre os traços do antigo, em que o espírito científico não pode progredir senão criando novos métodos. Os próprios conceitos científicos podem perder sua universalidade. [...] Os conceitos e os métodos, tudo é função do domínio da experiência; todo o pensamento científico será sempre um discurso de circunstâncias, não descreverá uma constituição definitiva do espírito científico (BACHELARD, 1968, p. 121).

A ciência, vista sob esse ângulo, é um processo e não um produto. Em qualquer método que se adote, seja ele quantitativo, fenomenológico ou dialético, o pesquisador deverá ter em mente um critério fundamental: expor suas teorias à crítica severa. Se trabalhar na sua autojustificação, deixará de ser ciência para se transformar em ideologia (BRUYNE, 1977, p. 103).

O método experimental não pode transformar uma hipótese física em uma verdade incontestável, pois jamais se está seguro de haver esgotado todas as hipóteses imagináveis referentes a um grupo de fenômenos. O *experimentum crucis* é impossível. A verdade de uma teoria física não se decide num jogo de cara ou coroa (DUHEM, 1993, p. 289).

3 LEIS E TEORIAS

Uma explicação é sempre algo incompleto: sempre podemos suscitar um outro porquê. E esse novo porquê talvez leve a uma nova teoria, que não só `explique', mas também corrija a anterior (POPPER, 1977, p. 139).

Creio que o chamado método da ciência consiste neste tipo de crítica. As teorias científicas se distinguem dos mitos simplesmente porque podem ser criticadas e porque estão abertas à modificação à luz das críticas. Não podem nem ser verificadas e nem probabilizadas (POPPER, 1985, p. 47).

O conhecimento do senso comum, estando muito preso às sensações espontâneas da vivência diária e dependente essencialmente das convicções pessoais de cada sujeito, proporciona uma visão muito fragmentada da realidade, desprovida da sistematização que possibilita a compreensão global da organização da estrutura da realidade. A soma e a transformação desses conhecimentos subjetivos, possível pela intersubjetividade, quando orientada por critérios aceitos universalmente como seguros, isto é, por um processo científico, pode oferecer uma visão unitária, global, que amplia os limites do conhecimento subjetivo.

As coisas individuais, apesar de serem diferentes, em determinadas situações se comportam do mesmo modo. O que as leva a terem esse comportamento? Há algo, por trás da diversidade das coisas e dos fenômenos, que determina ou orienta a regularidade e uniformidade de seu comportamento? A ciência responde essa questão construindo explicações na forma de leis universais da natureza, concebidas "como descrições (conjecturais) das propriedades estruturais ocultas na natureza de nosso próprio mundo" (POPPER, 1985, p. 177). A busca da compreensão e de explicações universais cada vez mais abrangentes a respeito da realidade, conduzida por um processo de investigação científica, pode conduzir à formulação de leis e teorias.

Pretende-se analisar aqui a natureza das leis e teorias, como surgem, quais seus objetivos, suas características e funções na ciência.

3.1 NATUREZA, OBJETIVOS E FUNÇÕES DAS LEIS E TEORIAS

Newton, fundamentado no modelo teórico heliocêntrico de Copérnico, que rejeitava a astronomia geocêntrica, pode levantar a suposição de que a força que puxava a maçã para o solo era a mesma que mantinha a Lua na sua órbita em torno do Sol. Essa conjectura levou-o à busca de leis e sistemas que pudessem explicar o movimento dos corpos no macro e microcosmos, originando a teoria da gravitação universal (COLLINGWOOD, p. 144, 156-160). A partir da análise da natureza da luz, da sua reflexão, refração e difração, pôde-se supor uniformidades existentes neste fenômeno que conduziram à elaboração das teorias corpuscular e ondulatória (HEMPEL, 1970, p. 72-73). Galileu, a partir do resultado de seus experimentos com o movimento dos pêndulos, conseguiu explicações sobre a uniformidade da queda e do movimento dos corpos, o princípio da inércia e o princípio da composição dos movimentos (ANDRADE, 1964, p. 62-65).

As leis e teorias surgem da necessidade de se ter de encontrar explicações para os fenômenos da realidade. Esses fenômenos são conhecidos pelas suas manifestações, pelas suas aparências, assim como se percebe pela cor e pelo perfume quando um fruto está maduro. Pode-se descobrir nos fenômenos da mesma natureza a manifestação de alguns aspectos que são comuns e invariáveis. Por exemplo: sempre que um objeto é jogado para o alto, cai. O estudo dessas manifestações pode conduzir à descoberta da uniformidade ou regularidade do comportamento desse fenômeno conjecturando sobre a estrutura dos fatores que interferem ou produzem essa regularidade. A altura, o peso, a massa, a resistência do meio, interferem na velocidade da queda? Que relação há entre esses fatores? Pode-se estabelecer uma regularidade nessa relação? Galileu, por exemplo, afirmou que a velocidade de um corpo que cai livremente a partir do repouso é proporcional ao tempo, e que o espaço percorrido é proporcional ao quadrado do tempo empregado em percorrê-lo.

O pesquisador, ao propor as regularidades que se manifestam uniformemente nas manifestações de uma classe de fenômenos, está enunciando uma lei. Ele está fazendo, nesse momento, uma reconstrução ou uma reprodução conceitual das regularidades que acontecem na estrutura dos fenômenos ou no sistema de relações que ocorrem entre os fenômenos.

Observe-se, por exemplo, o conteúdo do seguinte enunciado: *A água, aquecida a 100°, em recipientes abertos, no nível do mar, ferve.* Sabe-se que a água não ferve sempre à mesma temperatura, que variará em função das condições da pressão atmosférica. O enunciado dessa lei estipula as condições que devem ser satisfeitas para que aconteça a regularidade da fervura da água a 100°[39]. O mesmo é exposto na lei de Dal-

---

39. Lei da queda livre dos corpos no vácuo: Um corpo que cai livremente no vácuo, adquire um movimento uniformemente acelerado.

ton, ao referir-se às pressões parciais dos vários gases que compõem uma mistura gasosa: *A soma das pressões parciais dos gases componentes de uma mistura gasosa é igual à pressão total exercida pela mistura, desde que os gases não reajam entre si.*

O conteúdo da lei é empírico, isto é, pode ser testável diretamente pelas manifestações empíricas do fenômeno, e tem um universo limitado, abrangendo apenas uma classe de fenômenos (ver Figura 4). As leis de Kepler[40], por exemplo, explicam a trajetória de um planeta que se move em torno do Sol como um elipse, sujeito à sua influência gravitacional.

FIGURA 4 – Limites das leis e teorias

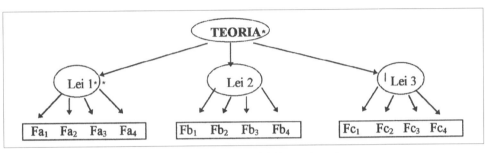

* *Todo o universo*   ** *Parte do universo*

A teoria tem um caráter explicativo mais universal do que a lei, abrangendo a totalidade do universo. A teoria de Newton, sobre a gravitação universal[41], não permite apenas explicar os fenômenos que as leis de Kepler explicam, levando em consideração a trajetória de um planeta sob a influência gravitacional do Sol, mas todos os fe-

---

40. Kepler (1571-1630) elaborou três leis sobre o movimento planetário:
    1ª) Lei das órbitas: Os planetas descrevem órbitas elípticas em torno do Sol, estado o Sol num dos focos.
    2ª) Lei das áreas: O segmento imaginário que une o Sol ao planeta varre áreas proporcionais aos intervalos de tempo dos percursos, isto é, próximos do Sol os planetas são mais velozes do que quando afastados.
    3ª) Lei dos períodos: Os quadrados dos períodos de revolução dos planetas são proporcionais aos cubos dos raios médios de suas órbitas. $T^2 = K r^3$ em que K = constante de proporcionalidade (depende da massa do Sol).
41. Lei da gravitação universal: Dois pontos materiais atraem-se com forças cujas intensidades são proporcionais às suas massas e inversamente proporcionais ao quadrado da distância que os separa.

nômenos universais que têm relação com a força gravitacional. As teorias de Newton demonstram também que as leis de Galileu, sobre a queda livre dos corpos, só valem para alguns casos limitados. São apenas aproximações. A teoria, sendo mais ampla do que a lei, surge "quando um estudo prévio de uma classe de fenômenos revelou um sistema de uniformidades que podem ser expressas em forma de leis empíricas" (HEMPEL, 1970, p. 92).

As teorias possuem como característica a possibilidade de estruturar as uniformidades e as regularidades explicadas e corroboradas pelas leis em um sistema cada vez mais amplo e coerente, com a vantagem de corrigi-las e aperfeiçoá-las. As leis geralmente expressam enunciados de uma classe isolada. As teorias os abrangem relacionando-os, concatenando-os e sistematizando-os em uma estrutura mais ampla (ver Figura 6).

As leis tentam ser uma reprodução conceitual das regularidades existentes nas relações entre características observáveis de um universo limitado dos fenômenos da realidade, geralmente expressas através de um só enunciado. As teorias formulam a sua racionalização sistematizando-as e abrangendo a totalidade dos fenômenos. Para Popper (1976, p. 61-62), "as teorias científicas são enunciados universais [...]. As teorias são redes lançadas para capturar aquilo que denominamos o `mundo': para racionalizá-lo, explicá-lo, dominá-lo. Nossos esforços são no sentido de tornar as malhas da rede cada vez mais estreitas".

As teorias nunca atingem a totalidade de aspectos dos fenômenos da realidade. Estabelecem relações entre aspectos não diretamente observáveis, sendo geralmente expressas por vários enunciados sistematizados. Sendo a finalidade da ciência descobrir uma interconexão sistemática dos fenômenos, somente os seus aspectos comuns e invariáveis são levados em consideração, estabelecendo-se com eles os elos de ligação da estrutura existente. As propriedades individuais e próprias de cada fenômeno, isoladamente, são desconsideradas pelas teorias. As proposições que expressam características ou propriedades isoladas são apenas enunciados utilizados para estabelecer a conexão lógica com outras proposições. Elas não constituem uma ciência. Apenas quando essas proposições se relacionam entre si, em forma de sistema, com conteúdo de validade universal, é que se obtém uma teoria. O ideal da ciência é obter essa sistematização. À medida que as teorias se ampliam, mais uniformidades e regularidades explicam o universo dos fenômenos, mostrando a interdependência que há entre eles.

No dizer de O'Neil (apud BRUYNE e outros, 1977, p. 102), as teorias "[...] dão um quadro coerente dos fatos conhecidos, indicam como são organizados e estruturados, explicam-nos, preveem-nos e fornecem, assim, pontos de referência para a observação dos fatos novos".

É difícil estabelecer uma diferença nítida entre leis e teorias. Na realidade não há diferenças fundamentais a não ser as pertinentes ao grau de maior ou menor conteúdo, abstração e sistematização.

O objetivo das teorias é o de, através da reconstrução conceitual das estruturas objetivas dos fenômenos, compreendê-los e explicá-los. A compreensão e a explicação, que estabelecem as causas ou condições iniciais de um fenômeno, proporcionam a derivação de consequências, de efeitos, que possibilitam a previsão da existência ou comportamento de outros fenômenos, que podem ser controlados com o auxílio da tecnologia (ver Figura 6).

Conhecer apenas os nomes dos fenômenos e saber como eles se distribuem não é explicá-los. Afirma Zetterberg (1973, p. 20) que buscar explicações em ciência é buscar teorias que se apresentam como "uma espada de dois fios", fornecendo-nos, de um lado, um sistema de descrição, e, do outro, "um sistema de explicações gerais". Assim não é a teoria uma mera descrição da realidade, mas uma abstração. Não é a ciência uma simples cosmografia, uma simples classificação ou catalogação de fatos e fenômenos, mas uma cosmologia (BUNGE, 1969, p. 45), que pretende oferecer uma compreensão racional e sistemática do universo.

Pode-se utilizar como comparação a passagem, na biologia, da classificação das espécies feita por Lineu, no século XVII, para a teoria da origem das espécies de Darwin. Lineu é descritivo, enquanto Darwin é explicativo.

Dentro do contexto da pesquisa, as teorias orientam a busca dos fatos, estabelecem os critérios para a observação, selecionando o que deve ser observado como pertinente para a testagem de uma hipótese. As teorias não apenas servem de instrumento que orienta a observação empírica, como também de "modelização que fornece um quadro heurístico à pesquisa" (BRUYNE e outros, 1977, p. 109), habilitando o pesquisador a perceber com melhor propriedade os problemas e suas possíveis explicações. As teorias apresentam-se como um quadro de referência, metodicamente sistematizado, que sustenta e orienta a investigação[42].

Sob esse prisma compreende-se a afirmação de Kerlinger (1980) que diz que "uma teoria, então, é um conjunto de 'construtos' inter-relacionados (variáveis), definições e proposições que apresentam uma concepção sistemática de um problema, especificando relações entre variáveis, com a finalidade de explicar fenômenos naturais".

---

42. Rever no exemplo de Rosenberg, sobre a imunoterapia do câncer, a função das teorias.

Para se compreender melhor essa relação entre a teoria e a pesquisa, entre teoria e a observação e a experimentação, tomemos o exemplo que Duhem (1993, p. 219-221) relata, retirado da física, sobre o estudo da compressibilidade dos gases feito por Regnault:

> Regnault estuda a compressibilidade dos gases; toma uma certa quantidade de gás; encerra-o num tubo de vidro, mantendo a temperatura constante, mede a pressão que o gás suporta e o volume que ele ocupa. Dir-se-á que temos aí a observação minuciosa e precisa de certos fenômenos, de certos fatos. Seguramente, diante de Regnault, nas suas mãos, nas mãos de seus auxiliares, os fatos se produzem. É o relato desses fatos que Regnault consignou para contribuir com o avanço da física? Não, ele conclui **que o gás ocupa um volume com um certo valor**. Um auxiliar levanta e abaixa a lente de um catetômetro até que a imagem de um outro nível de mercúrio chegue a nivelar-se com a linha de uma retícula; ele observa, então, a disposição de certas marcas sobre o nônio do catetômetro. É isso que encontramos na dissertação de Regnault? Não, o que lemos é que **a pressão suportada pelo gás tem determinado valor**. Um outro auxiliar vê, num termômetro, o mercúrio nivelar-se a uma certa marca invariável. É isso que ele consigna? Não, registra-se que **a temperatura era fixa e atingia um certo grau**. Ora, o que são o valor do volume ocupado pelo gás, o valor da pressão que ele suporta, o grau de temperatura ao qual ele é levado? São fatos? **Não, são três abstrações**.
>
> Para formar a **primeira** dessas abstrações, **o valor do volume ocupado pelo gás**, e para fazê-la corresponder ao fato observado, isto é, ao nivelamento do mercúrio a uma certa marca, é preciso aferir o tubo, isto é, fazer apelo não somente às noções abstratas da geometria e aritmética, aos princípios abstratos sobre os quais repousam estas ciências, mas, ainda, à noção abstrata de massa, às hipóteses da mecânica geral e da mecânica celeste que justificam o emprego da balança na comparação de massas. Para formar a **segunda, o valor da pressão suportada pelo gás**, é preciso usar noções tão profundas e tão difíceis de serem obtidas como as noções de pressão e força de ligação; é preciso pedir auxílio às leis matemáticas da hidrostática, fundadas elas mesmas sobre os princípios da mecânica geral; fazer intervir a lei da compressibilidade do mercúrio, cuja determinação remete às mais delicadas e controversas questões da teoria da elasticidade. Para formar a **terceira**, é preciso **definir a temperatura, justificar o emprego do termômetro**; e todos os que estudaram com algum cuidado os princípios da física sabem o quanto a noção de temperatura está distante dos fatos e é difícil de apreender.
>
> Assim, quando Regnault faz uma experiência, ele tem fatos diante dos olhos e observa fenômenos, mas o que nos transmite dessa experiência, não é o relato dos fatos observados, mas **dados abstratos** que as teorias admitidas lhe permitiam substituir pelos documentos concretos que ele realmente recolhia.

Esse exemplo exposto por Duhem é suficientemente claro para demonstrar que a experiência física não pode ser reduzida a uma simples constatação de fatos. Os fatos existem e são observados pelo cientista. Essa observação, no entanto, não é neutra, destituída de preconceitos. Ao contrário, ela necessita estar impregnada de pressupostos teóricos. A teoria conduz a observação. A teoria permite construir instrumentos e interpretar os sinais e marcas que esses instrumentos mostram. A teoria permite estabelecer convenções que funcionam como regras que possibilitam a passagem das manifestações empíricas dos fatos e fenômenos às suas abstrações conceituais e teóricas. É à luz das teorias que se constroem as hipóteses, consideradas artifícios para o cálculo e para a observação.

Novamente citando Duhem (1993, p. 222-223), o que é, então, uma experiência da física?

> [...] é a constatação de um conjunto de fatos, seguida da tradução desses fatos em um juízo simbólico, por meio de regras emprestadas das teorias físicas [...] e o que o físico [...] enuncia como o resultado de uma experiência, não é o relato dos fatos constatados: é interpretação desses fatos, é sua transposição para o mundo abstrato, simbólico, criado pelas teorias que ele considera como estabelecidas.

Por isso, à medida que as teorias e as matemáticas fornecerem regras para representar os fatos de forma cada vez mais satisfatória, ocorrerão correções que proporcionarão um nível cada vez maior de precisão experimental na aproximação dos resultados. É óbvio que seria absurda essa correção se a experiência física fosse apenas a simples constatação de fatos.

Segundo Duhem (1993, p. 303-304),

> A experiência... comporta duas partes: consiste, em primeiro lugar, na observação de certos fenômenos; para fazer essa observação, basta estar atento e ter os sentidos suficientemente apurados; não é necessário saber física. Em segundo lugar, ela consiste na interpretação dos fatos observados; para poder fazer esta interpretação não basta ter a atenção de sobreaviso e o olho exercitado, é preciso conhecer as teorias admitidas, é preciso saber aplicá-las, é necessário ser físico.

Assim, o resultado de uma experiência que o físico apresenta não é a relação dos fatos observados, mas sim a sua interpretação simbólica, um juízo abstrato e ideal, elaborado à luz das teorias que ele aceita. Para poder compreendê-la é necessário ver que teorias fundamentam essa interpretação. Como compreenderíamos, por exemplo, onda eletromagnética, como a mediríamos e como interpretaríamos os sinais dos instrumentos de medida, que confiança estabeleceríamos para esses instrumentos, sem o conhecimento da teoria do eletromagnetismo? Os conceitos que a ciência utiliza não são vinculados ao diretamente observado. São produto de uma elaboração abstrata e é apenas dentro do seu quadro de referência teórica, condicionado historicamente, que se pode estabelecer a correspondência que pode haver entre determinados conceitos e determinadas manifestações da realidade. Diferentes teorias produzem diferentes instrumentos, diferentes observações e interpretações e diferentes resultados. São as redes, a que Popper se refere, que utilizamos para capturar os fatos. Um experimento não pode, portanto, afirma Duhem, por essas razões, transformar-se num *experimentum crucis* que decida sobre a aceitação ou não de uma hipótese ou teoria isoladamente, pois as interpretações desse experimento vão estar dependentes das teorias utilizadas.

As teorias sobre a inteligência, em psicologia, orientam as observações, os instrumentos e testes que tentam avaliá-la. Na educação, os professores, quando utilizam instrumentos e técnicas de avaliação para medir a aprendizagem dos alunos, se servem das teorias da aprendizagem. O que é aprender matemática? É saber aplicar fórmulas prontas ou desenvolver o pensamento matemático? Dependendo da teoria da aprendizagem admitida, a avaliação observará um ou outro aspecto.

Duhem, que desencadeia um ataque frontal contra o método newtoniano e ao seu *hypotheses non fingo*, afirma que é uma tentativa ilusória a pretensão de separar a observação de um fenômeno físico da teoria. É impossível, num experimento, desvencilhar-se das teorias pressupostas, fazendo com que as conclusões dele extraídas dependam de uma adesão, de um *ato de fé,* à exatidão do conjunto de teorias admitidas. A experiência, portanto, está subordinada à teoria.

Como consequência disso, os resultados de uma experiência em física e nos demais ramos do conhecimento jamais podem ser vistos como exatos, confirmados, comprovados ou verdadeiros. E não é função da teoria fornecer explicações que estejam conformes a natureza da realidade[43]. É sua função representar de um modo satisfatório um conjunto de leis. Uma teoria, por isso, nunca é definitiva e passa, muitas vezes, por uma longa elaboração efetuada por um grande número de pensadores, quer teóricos, quer experimentadores. Hipóteses diferentes são imaginadas e testadas na experiência para verificar a adequação maior ou menor de suas consequências. Os experimentos são utilizados para verificar o acordo que pode existir entre as consequências da teoria com os fatos.

3.2 AS VANTAGENS QUE OFERECEM AS TEORIAS

Como afirmam Cohen e Nagel (1971, p. 236-237), a sistematização dos fenômenos na ciência oferece vantagens que outras formas de conhecimento não podem ofe-

---

43. De acordo com Duhem, uma teoria física não é uma explicação: é um sistema de proposições matemáticas que têm por objetivo representar tão exatamente quanto possível um conjunto de leis experimentais, conforme ele mesmo diz textualmente: *"Uma teoria física será, então, um sistema de proposições logicamente encadeadas e não uma sequência incoerente de modelos mecânicos ou algébricos; esse sistema não terá por objetivo fornecer uma explicação, mas uma representação e uma classificação natural de um conjunto de leis experimentais"* (1993, p. 157 – tradução nossa).

recer. Ela estabelece os limites da veracidade das proposições, eliminando as contradições existentes entre as diferentes proposições do sistema, proporcionando uma constante autocorreção e ampliação das explicações.

Ao buscar-se o ideal da sistematização, eliminam-se as proposições infundadas, isoladas ou independentes das demais, mantendo-se somente as necessárias. Isso se consegue mediante a análise da inter-relação de teorias, colocando-as em confronto e verificando-se a coerência existente entre elas, através da relação lógica de seus conceitos-chave. Essa atitude, em busca de uma coerência interna e externa das teorias, é que conduz a ciência a obter resultados mais confiáveis. Além disso, as corroborações de todos os setores do sistema científico se auxiliam mutuamente no objetivo de dar validade aos seus resultados. A sistematização dos enunciados e das teorias científicas aumenta o grau de confiança na sua validade e na sua fidedignidade, oferecendo maior crédito à corroboração ou rejeição das hipóteses.

Ao relacionarem-se os enunciados de uma teoria entre si, está-se observando a coerência interna da mesma, procurando-se eliminar as contradições existentes entre "os processos básicos invocados pela teoria, como as leis a que supostamente obedecem" (HEMPEL, 1970, p. 95), conforme ilustra a Figura 5, bem como a possibilidade de perceber as relações interteóricas que existem. A ciência, na sua visão unitária e globalizante, não trabalha mais com o monismo e sim com o pluralismo teórico, observando os vínculos que existem entre as teorias dentro de um sistema e estrutura de rede teórica, tal qual apresenta Moulines (1991, p. 252-291).

FIGURA 5 – Relação entre leis e teorias

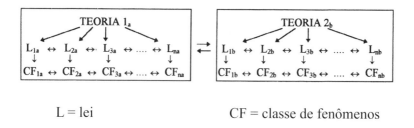

L = lei   CF = classe de fenômenos

Ao se relacionar os enunciados de uma teoria com outra, busca-se a coerência externa. As teorias, porém, para poderem atingir o ideal da sistematização, devem obedecer a outro princípio: o da transposição (ou princípios externos), que possibilita a análise da correspondência do conteúdo dos enunciados com as manifestações dos fenômenos ou fatos, ou, em outras palavras, a verificação de sua corroboração. As teorias apresentam modelos ideais, abstratos, que apenas se referem a fenômenos reais mediante regras de correspondência.

A ciência exige que as hipóteses e as teorias tenham um controle experimental.

O princípio da transposição é o que possibilita relacionar os conceitos teóricos "com os fenômenos empíricos com que já estamos familiarizados e que a teoria pode então explicar, predizer ou retrodizer" (HEMPEL, 1970, p. 95).

Sem os princípios internos, o da coerência interna e externa, uma teoria não teria valor no contexto científico, pois estaria isolada e sem poder ser avaliada no contexto global da ciência. Sem os princípios de transposição, que indicariam as suas consequências e manifestações empíricas, uma teoria jamais teria oportunidades de ser submetida à testagem crítica. A teoria é formada por enunciados que contêm termos teóricos abstratos sem poder de confronto empírico. A testagem de uma teoria só é possível graças à tradução desses termos aos pré-teóricos que já eram familiares antes da teoria e relacionados claramente com as manifestações empíricas[44]. Os princípios de transposição servem, então, para estabelecer a ligação entre os termos teóricos e os pré-teóricos. Funcionam como premissas que correlacionam esses dois conjuntos, oferecendo a oportunidade de se extrair da teoria certas consequências que podem ser submetidas à prova.

Hempel (1970, p. 99-100), mostrando as vantagens das teorias, apresenta três características de uma boa teoria:

Primeira: *Aprofundará e alargará a compreensão estabelecida pelas leis empíricas.* Ex.: as teorias de Newton a respeito da atração universal dos corpos abrangem as regularidades empíricas expressas pela lei da queda dos corpos na Terra, do movimento dos pêndulos, dos movimentos da Lua, dos satélites artificiais, da atração entre os planetas, do percurso de um cometa e de todos os demais fenômenos desta natureza.

Segunda: *Mostrará que as leis empíricas não passam de meras aproximações, desprovidas da exatidão e da exceção.* Isso é explicável por ser a lei menos abrangente que a teoria. A lei se refere somente a um universo limitado, enquanto a teoria tenta generalizar para a totalidade do universo dos fenômenos. Ex.: as leis de Kepler explicam a trajetória de um planeta que se move em torno do Sol, como uma elipse, sujeito à influência gravitacional deste. As teorias de Newton mostram a imprecisão destas leis uma vez que leva em consideração não só a influência gravitacional do Sol, mas também de outros planetas. As leis de Kepler estabelecem as relações existentes entre um planeta e o Sol, enquanto as de Newton demonstram que as leis de Galileu sobre a queda livre de corpos e as leis da ótica geométrica não passam apenas de aproximações, válidas apenas para casos limitados, como, por exemplo, quedas livres de pequenas alturas. Uma boa teoria deve, portanto, corrigir as leis empíricas.

---

44. Verificar no próximo capítulo: "Definição empírica dos conceitos".

Terceira: *Alargará nosso conhecimento e nossa compreensão ao predizer e explicar fenômenos que não eram conhecidos no momento de ser formulada*. Exemplos: Pascal, fundamentado nas teorias de Torricelli sobre a existência de um oceano de ar, previu que o comprimento da coluna geométrica diminuiria com a altitude. Einstein, baseado em suas teorias da relatividade, pôde prever o encurvamento de um raio de luz num campo gravitacional. As teorias do eletromagnetismo de Maxwell proporcionaram a predição da existência das ondas eletromagnéticas, descobertas posteriormente por Hertz. Uma boa teoria, portanto, deve ser *mais abrangente, mais ampla e mais profunda do que as leis*.

3.3 O CARÁTER HIPOTÉTICO DAS TEORIAS

O que está sujeito à testagem e à corroboração, portanto, são apenas algumas das suas consequências e não a teoria propriamente dita. A teoria, como um enunciado universal e altamente abstrato, não é diretamente verificável, embora suas consequências sejam suscetíveis de serem submetidas à prova. Ser inverificável não significa que não possa ser submetida a prova, mas sim que não possa ser "comprovada" pela prova. Uma teoria só é objetiva justamente porque ela tem que se desprender da subjetividade e se oferecer à discussão, ao "crivo da crítica racional", como diz Popper (1977, p. 147). Satisfaz mais esse requisito a teoria que tiver maior conteúdo informativo, que disser mais, a que for mais abrangente, mais universal. Quanto maior o conteúdo de uma teoria, maiores oportunidades de falseabilidade e objetividade oferece, pois dará mais chances de discussão intersubjetiva, de localização dos erros e de ser corrigida[45]. Esse aspecto a torna provisória, conferindo-lhe um caráter hipotético. Ela poderá ser corrigida, ampliada, reformulada à medida que as consequências forem submetidas à prova e à discussão nas mais variadas situações.

A teoria, dentro dos objetivos que se propõe, procurará sanar as deficiências das leis, eliminar suas exceções, torná-las mais abrangentes, situando-as em um sistema. A teoria poderá oferecer condições para predizer ou explicar fenômenos até então desconhecidos, aprofundando e ampliando os limites da compreensão estabelecida pelas leis empíricas, despertando para novos problemas e oferecendo quadros de referência para novas investigações. A teoria se manifesta como uma eterna hipótese que mantém viva a necessidade da indagação, da investigação, fazendo da ciência um edifício em permanente construção.

---

45. Uma teoria terá maior conteúdo do que sua rival anterior se ela, além de explicar todos os problemas e fenômenos que a anterior explica, englobar com suas explicações o que a anterior não conseguia explicar. Dito de outra forma, *"se tiver um excesso corroborado de conteúdo empírico em relação a sua predecessora (ou rival), isto é, se levar à descoberta de fatos novos"* (cf. LAKATOS, Imre. *A crítica e o desenvolvimento do conhecimento científico*.

FIGURA 6 – Funções das leis e teorias

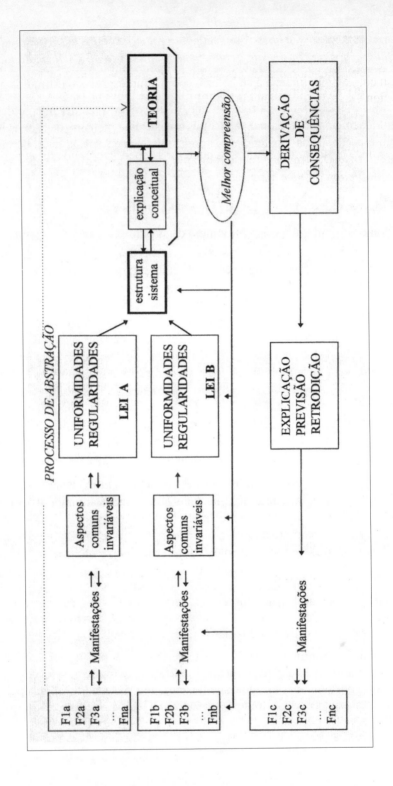

Leituras complementares

Desde el punto de vista del método, podemos mirar a su profundidad (das teorias), su coherencia, incluso a su beleza, como simples guías o estímulos para nuestra intuición y nuestra imaginación (POPPER, 1985, p. 181).

A localização do interesse (do pesquisador) sobre um fato empírico será canalizada pela estrutura lógica do sistema teórico (...). A teoria não formula apenas o que sabemos, mas também nos diz o que queremos saber, isto é, nos dá as perguntas cuja resposta procuramos (PARSONS apud BRUYNE et al., p. 102).

As teorias [...] só podem ser entendidas como tentativas de solução de problemas e em relação com as situações-problema (POPPER, 1977, p. 143).

Como surgem as teorias? "No início de suas investigações, o cientista, via de regra, volta sua atenção para a determinação de variáveis relevantes (as quais procura classificar de maneiras apropriadas) e de hipóteses que parecem unificadoras. Ainda que as hipóteses estejam, no começo da investigação, frouxamente associadas, elas surgem com certa naturalidade e se apresentam na tentativa de estabelecer relações entre as variáveis e de explicar os dados singulares. À medida que a investigação avança, as hipóteses passam a reunir-se em 'sistemas', cada vez mais amplos e cada vez mais coerentes" (HEGENBERG, 1976, p. 82).

Nossas teorias são invenções nossas; mas podem não passar de conjeturas malfundadas, conjeturas audaciosas, hipotéticas. A partir delas, criamos um mundo; não o mundo real, mas nossas próprias redes, nas quais procuramos colher o mundo real (POPPER, 1977, p. 67).

As suposições feitas por uma teoria científica sobre os processos subjacentes devem ser suficientemente precisas para permitir a derivação de implicações específicas concernentes aos fenômenos que ela pretende explicar (HEMPEL, 1970, p. 94).

Embora tenhamos a princípio de apegar-nos a nossas teorias – sem teorias não podemos nem mesmo começar, pois não há outra coisa capaz de guiar-nos – cabe, com o tempo, adotarmos uma atitude mais crítica em relação a elas. Podemos tentar substituí-las por algo melhor, se tivermos aprendido, com o auxílio delas, em que ponto deixam de nos ser úteis. E surgirá, assim, a fase científica ou crítica da reflexão, necessariamente precedida por uma fase não crítica (POPPER, 1977, p. 66).

O fato de as teorias não poderem ser verificadas passou, em geral, despercebido. Há autores que dizem que uma teoria foi verificada, quando se verificaram apenas certas consequências dela deduzidas (POPPER, 1975, p. 31).

A toda lei formulada pela física, a experiência oporá o brutal desmentido de um fato; mas, infatigável, a física retocará, modificará, complicará a lei desmentida, para substituí-la por uma lei mais abrangente, em que a exceção levantada pela experiência terá, por sua vez, encontrado a sua regra (DUHEM, 1993, p. 238).

Nenhuma teoria parecia mais sólida do que a de Fresnel, que atribuía a luz aos movimentos do éter. Contudo, a preferida, atualmente, é a de Maxwell. Isso significa que a obra de Fresnel foi inútil? Não, pois o objetivo de Fresnel não era o de saber se existe, realmente, um éter, se ele é ou não formado por átomos, se esses átomos se movem realmente nesse ou naquele sentido, e sim prever os fenômenos óticos.

Ora, isso, a teoria de Fresnel continua a fazer hoje tão bem quanto o fazia antes de Maxwell. As equações diferenciais continuam a ser verdadeiras; podem ser integradas pelos mesmos procedimentos e os resultados dessa integração conservam, ainda, todo o seu valor. E que não se diga que reduzimos, assim, as teorias físicas ao papel de simples receitas práticas. Essas equações exprimem relações, e, se as equações permanecem verdadeiras, é porque essas relações conservam sua realidade. Elas nos mostram, agora, como o faziam antes, que há uma dada relação entre duas coisas; unicamente, o que antes chamávamos movimento, hoje chamamos corrente elétrica. Mas essas denominações não passavam de imagens que substituíam os objetos reais que a natureza nos ocultará para todo o sempre. As verdadeiras relações entre esses objetos reais são a única realidade que podemos atingir, e a única condição para isso é que as relações entre esses objetos sejam as mesmas que existem entre as imagens que somos obrigados a pôr em seu lugar. Se conhecemos essas relações, pouco importa que julguemos ser conveniente substituir uma imagem por outra (POINCARÉ, 1985, p. 127-128).

SEGUNDA PARTE:
PRÁTICA DA PESQUISA

4 PROBLEMAS, HIPÓTESES E VARIÁVEIS

> ... é difícil conceber a ciência moderna com toda sua fertilidade rigorosa e disciplinada, sem o poder orientador de hipóteses (KERLINGER, 1966, p. 28).

Ingenuamente acreditavam os indutivistas e os empiristas que as explicações científicas provinham da pura observação dos fatos ou dos fenômenos. Era necessário, como afirmava Bacon, eliminar todos os preconceitos, todas as "antecipações mentais" que, por serem prematuras, podiam conduzir ao engano. Porém, não é a ciência apenas uma colecionadora de fatos ou de características dos fatos. Há momentos em que há a necessidade de descrever e caracterizar um fato, coisa ou fenômenos, sem a preocupação de explicitar a estrutura de inter-relações. A ciência, porém, não se reduz a mera descrição[46]. A aplicação do método baconiano, o indutivo, não trouxe progresso significativo para o pensamento científico. Como afirma Cohen, "sem alguma ideia que nos oriente, não podemos saber que fatos coletar. Sem algo que se pretenda provar, não podemos determinar o que é relevante e o que não é relevante" (1965, p. 148). Sem ideias preconcebidas é impossível desencadear-se qualquer investigação. "É mito a observação inocente, sem preconceitos", afirma Medawar (1975, p. 5).

---

46. Quando olhamos ou observamos algo e imediatamente emitimos um parecer descritivo, a impressão que temos é que esse parecer é resultado da constatação objetiva das características que estão presentes no objeto analisado e que nada tem a ver com nossas convicções subjetivas. No entanto, para se fazer uma descrição é necessário ter critérios e esses critérios provêm de nossos parâmetros e referenciais teóricos que são subjetivos, culturais e históricos.

4.1 A DELIMITAÇÃO DO PROBLEMA DE PESQUISA

A ciência pode ser encarada como um processo de investigação que se interessa em descobrir a relação existente entre os aspectos que envolvem os fatos, situações, acontecimentos, fenômenos ou coisas. Como já foi visto no capítulo sobre método científico, a ciência não investiga apenas fatos, mas dúvidas que são levantadas a partir de determinados fatos.

No exemplo de Rosenberg, sobre a imunoterapia do câncer, o fato que o intrigou foi o do *desaparecimento espontâneo do tumor cancerígeno do estômago* de um paciente seu, mais de dez anos após o seu diagnóstico e a cirurgia para extirpá-lo. Este fato incomum e inusitado provocou várias perguntas e suposições que foram levantadas por Rosenberg. O que provocou o desaparecimento espontâneo do tumor cancerígeno? Isto é: quais os fatores ou as causas do seu desaparecimento? Essa pergunta, no entanto, apesar de expressar uma dúvida, é incompleta e ainda não se apresenta como um problema de investigação delimitado. É uma pergunta que a natureza, utilizando a concepção galileana de diálogo com a natureza, não tem condições de responder. Não é uma pergunta inteligente, pois não contém a possível resposta. O seu formato expressa a relação de uma incógnita com uma variável conhecida:

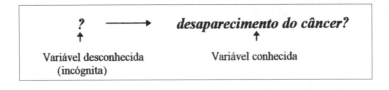

Um problema de investigação delimitado expressa a possível relação que possa haver entre, no mínimo, duas variáveis conhecidas. Deve ser uma pergunta inteligente, isto é, que indique os possíveis caminhos que devem ser seguidos pelo investigador. Para isso, no entanto, é necessário que o investigador elimine a incógnita introduzindo no seu lugar alguma outra variável que a substitua. Essa tarefa requer o uso de duas competências por parte do pesquisador: da imaginação criativa e do conhecimento disponível[47]. O pesquisador deve, à luz do conhecimento disponível, conjeturar

---

47. Há uma total semelhança entre a forma de agir do detetive e do cientista. As perguntas que o detetive faz perante os fatos localizados em torno de um crime são perguntas inteligentes que buscam, através das suspeitas levantadas, os possíveis caminhos (ao máximo rápidos, seguros e econômicos) que demostrem a solução do mistério. Para ter sucesso necessita de muito conhecimento e muita imagina-

sobre os possíveis fatores que podem se relacionar com a variável em estudo. A pergunta que ele formula sempre questionará, em nível hipotético, a possível relação proposta pelo investigador, como uma pergunta inteligente, em substituição à ignorante, que endereçará à natureza, aos fatos, às coisas, para que seja respondida no decorrer da pesquisa. "Um problema é uma questão que pergunta como as variáveis estão relacionadas", afirma Kerlinger (1980, p. 35). A pergunta inicial (a) que Rosenberg formulou para o fato que o intrigava foi: *O desaparecimento espontâneo do câncer do seu paciente foi provocado pelo seu sistema imune inato?* O conhecimento disponível na área da imunologia o levou a acreditar nessa suposição e a utilizá-lo para delimitar o problema principal de sua pesquisa. Agregando a esses conhecimentos os já produzidos na área de engenharia genética, pôde, então, Rosenberg, elaborar uma pergunta que até então nenhum pesquisador ousara fazer, a respeito da possibilidade de manipular o potencial imune inato, existente no organismo, para combater o câncer. Assim, a pergunta completa (b), de caráter conjectural, que orientou toda sua investigação posterior, foi: *É possível desenvolver uma imunoterapia para o câncer, isto é, um tratamento que permita incrementar* (no organismo humano) *o potencial* (latente) *inato do sistema imune para eliminar as células cancerígenas?*

As duas perguntas de Rosenberg apresentam o seguinte formato:

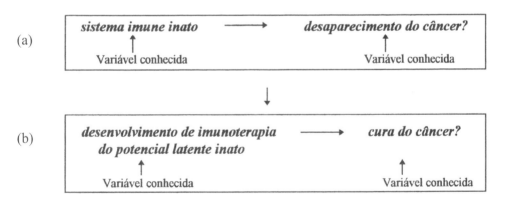

O resultado de uma investigação científica conduz à corroboração de teorias, de explicações formalizadas que expressam intelectualmente essa interconexão sistematizada de uma forma coerente, lógica e correspondente à realidade objetiva. O produto de uma investigação científica é o conhecimento teórico, isto é, a explicação teórica corroborada, expressa através de proposições.

Ao delimitar o problema de pesquisa, o investigador propõe, através da sua imaginação e dos conhecimentos de que dispõe, uma possível ordem na relação entre os fatos. Por isso, a delimitação do problema é resultado de um trabalho mental, de construção teórica, com o objetivo de estruturar as peças soltas do quebra-cabeças, procurando entender a malha de relações de interdependência que há entre os fatos. A busca dessa inter-relação é desencadeada pelo problema de investigação. Todos os seres do universo, fatuais ou lógicos, existem e se manifestam em um sistema, em uma estrutura. Como tal, mantêm em si e entre si uma inter-relação de aspectos que cabe à ciência desvendar. Essa função deve ser explicitada quando o pesquisador inicia a investigação, com a delimitação do seu problema.

A delimitação do problema define, então, os limites da dúvida, explicitando quais variáveis estão envolvidas na investigação e como elas se relacionam. O problema delimitado é uma pergunta inteligente que contém as possíveis relações de uma possível resposta. O planejamento da sequência da pesquisa é feito para testar se as relações propostas são ou não pertinentes, tornando-se, pois, impossível planejar observações ou testes sem que o problema e suas variáveis estejam delimitados. *O problema é, portanto, um enunciado interrogativo que questiona sobre a possível relação que possa haver entre (no mínimo) duas variáveis, pertinentes ao objeto de estudo investigado e passível de testagem ou observação empírica.*

4.2 A CONSTRUÇÃO DE HIPÓTESES

Ao iniciar uma pesquisa, juntamente com a delimitação do problema, o investigador propõe a possível explicação que norteará todo o processo de investigação, sugerindo a possível relação existente entre os aspectos dos fenômenos que está estudando. As hipóteses, enquanto enunciados conjeturais, são os instrumentos de trabalho do pesquisador.

Para Schrader, as "hipóteses são exteriorizações conjeturais sobre as relações entre dois fenômenos. Representam os verdadeiros 'fatores produtivos' da pesquisa, com os quais podemos desencadear o processo científico" (1974, p. 47). A hipótese é a explicação, condição ou princípio, em forma de proposição declarativa, que relaciona entre si as variáveis que dizem respeito a um determinado fenômeno ou problema[48]. É a solução provisória proposta como sugestão no processo de investigação de

---

48. O problema é um enunciado interrogativo enquanto que a hipótese é um enunciado afirmativo. As hipóteses, através das definições de suas variáveis, contêm uma especificidade maior do que a existente no enunciado do problema.

um problema, resultado de "um processo ativamente criador de representação do mundo" (KOPNIN, 1878, p. 250). O principal objetivo da investigação científica é, justamente, o de saber se essa sugestão apresentada, isto é, a hipótese, enquanto enunciado objetivo e independente do pesquisador, será corroborada ou falseada. E embora corroborada, ela sempre manterá o caráter hipotético. Para Kerlinger, "as hipóteses são uma ferramenta poderosa para o avanço do conhecimento porque, embora formuladas pelo homem, podem ser testadas e mostradas como provavelmente corretas ou incorretas, à parte dos valores e crenças do homem" (1985, p. 40).

As hipóteses possuem algumas características. Tuckman (1972, p. 24) e Kerlinger (1980, p. 38) apontam três:

A *primeira* é a de ser um *enunciado* de redação clara, sem ambiguidades e em forma de *sentença declarativa*.

A *segunda* é a de estabelecer *relações entre duas ou mais variáveis*. Na hipótese *a habilidade de distinguir as categorias gramaticais aumenta com a idade cronológica e com o nível educacional*; as duas primeiras variáveis, *idade cronológica* e *nível educacional*, se relacionam com a terceira, *habilidade de distinguir as categorias gramaticais*. Aumentando uma, ou as duas primeiras, aumenta a outra e vice-versa.

Na redação da hipótese aparecem termos de relação que unem as variáveis. Há várias formas de enunciar essa relação. Dependendo da hipótese e do tipo de relações, podem ser usadas as expressões: *é diretamente proporcional, está inversamente relacionado, produz, se ... então ..., resulta, há relação significativa entre* e outras.

A *terceira* característica é que a hipótese deverá ser *testável*, isto é, passível de ser traduzida em consequências empíricas que possam ser submetidas a testes, contrastáveis com a realidade. Da hipótese anterior podemos extrair como consequência lógica que um aluno de 17 anos de idade e que esteja cursando a terceira série do segundo grau distinga com melhor propriedade o substantivo do adjetivo, do pronome, do advérbio, do verbo, do que um aluno de 12 anos de idade e que esteja cursando a segunda série do primeiro grau. Essas consequências podem ser testadas na prática dando-se uma frase a alunos de diferentes idades e níveis de instrução, solicitando-lhes que distingam essas categorias gramaticais. O desempenho desses alunos pode ser medido e colocado em diferentes faixas. A análise dessas diferenças permitirá a avaliação da hipótese.

A testabilidade, a confrontação empírica, é o único meio para se poder fazer atribuições de veracidade fatual, embora não o seja para se obter a verdade. Portanto, se não há testabilidade, se as hipóteses não são passíveis de tradução empírica, contrastáveis, não há possibilidade de se desenvolver uma pesquisa e se estabelecer valores veritativos.

Bunge (1969, p. 289-299) cita quatro formas de se fugir da testabilidade. A *primeira* é a de se abster de formular qualquer suposição. A *segunda* é a de se ater a proposições fenomenalistas, como *vejo neste momento uma mancha vermelha*. Essas proposições estão invariavelmente sujeitas às expectativas do sujeito que vê, ouve ou sente, não se podendo concluir nada que tenha interesse científico, não se podendo usar esses enunciados nem a favor nem contra a evidência de alguma hipótese. A *terceira* é a de utilizar hipóteses vagas, de baixo conteúdo informativo e restritivas. Exemplo disso é a hipótese: *A condição de um sistema nervoso, em um determinado momento, determinou um comportamento em um momento posterior*. Qualquer comportamento servirá como evidência favorável a essa hipótese. Ela não oferece condições de falseabilidade. A falseabilidade somente aconteceria se houvesse uma determinação precisa da relação entre os estudos neurais e os tipos de comportamento. A *quarta* é a de se estabelecer hipóteses sobre objetos inescrutáveis, como o é, por exemplo, sobre o *espírito maligno* e outros.

Outra forma de também fugir da testabilidade é o uso de hipóteses *ad hoc*. Essas hipóteses já foram utilizadas na ciência para salvar outra, como no exemplo descrito por Hempel (1970, p. 44): "Nos meados do século XVII um grupo de físicos, os plenistas, sustentava que o vácuo não poderia existir na natureza; para salvar esta ideia face à experiência de Torricelli, um deles aventou a hipótese *ad hoc* de que no barômetro o mercúrio ficava suspenso no teto do tubo de vidro por um fio invisível chamado funículus".

As hipóteses, sendo abstratas, relacionadas a teorias e formadas de conceitos, para poderem ser testáveis devem ser traduzidas em outras mais específicas, com um conteúdo diretamente empírico. Popper (1975, p. 106) afirma que

> só existe um meio de assegurar a validade de uma cadeia de arrazoados lógicos. É colocá-la na forma que a torne mais facilmente suscetível de teste: quebramo-la em muitas porções, cada uma passível de fácil verificação por qualquer pessoa que tenha apreendido a técnica lógica ou matemática de transformar sentenças. [...] No que se refere às ciências empíricas, a situação é semelhante. Todo enunciado científico empírico pode ser apresentado de tal maneira que todos quantos dominem a técnica adequada possam submetê-lo à prova.

Um enunciado que não for testável não tem valor científico, a não ser para sugerir um problema.

4.3 NÍVEIS DE HIPÓTESES

As hipóteses são classificadas por Bunge (1969, p. 283-284), de acordo com o que as fundamenta, em quatro níveis: ocorrências, empíricas, plausíveis e convalidadas.

As *ocorrências* são hipóteses que não encontram nem apoio nas evidências empíricas dos fatos ou fenômenos e nem fundamentação no conjunto das teorias existentes. São palpites lançados sem justificativa alguma ou, no máximo, amparados por conhecimentos muito obscuros e experiências ambíguas. Exemplo de ocorrência foi a hipótese lançada por Tales de Mileto quando, preocupado em encontrar uma explicação sobre a origem e constituição da Terra, afirmava que *tudo é água*. Desta suposição surgiram outras, como a que afirmava que a origem estava nos quatro elementos, o ar, o fogo, a terra e a água, ou de que a origem era a parte indivisível, o átomo, e outras mais, como o *ápeiron*. As hipóteses ao nível das ocorrências surgem naquelas áreas ainda obscuras e não desenvolvidas pela ciência. São características mais da pseudociência ou, no máximo, do estágio mais primitivo da ciência: a protociência. Tem validade como instrumento desencadeador da pesquisa, só é aceita por não haver algo melhor e só pode ser utilizada em pesquisas essencialmente exploratórias.

As *hipóteses empíricas* estão a um nível um pouco mais elevado das ocorrências. São hipóteses que têm a seu favor algumas evidências empíricas preliminares que justificam a escolha das suposições e das correlações por elas estabelecidas. As hipóteses empíricas, porém, não gozam da consistência lógica. Não se inserem ainda no sistema das teorias existentes, não atingindo, portanto, o ideal da racionalidade: o de formar um conjunto teórico consistente, coerente com os sistemas conceituais existentes na ciência. Não encontram apoio ou elos de ligação teórica que as justifiquem. Bunge aponta como exemplo muitas relações estabelecidas na agricultura, na medicina, na metalurgia e meteorologia sinótica.

As *hipóteses plausíveis* não possuem a deficiência das empíricas, pois são as que se inter-relacionam com as teorias existentes de uma forma consistente, coerente, lógica. As hipóteses plausíveis são produto ou dedução lógica do conhecimento corroborado e acumulado pela ciência ou de modificações introduzidas nas teorias existentes quando falseadas. Sendo a ciência e suas teorias não o produto da observação e catalogação de fatos, mas de uma contínua e consciente correção de suas teorias, é muito mais prudente, lógico e seguro que, quando se propõem hipóteses em uma pesquisa, se queimem etapas já vencidas pela ciência. Deve-se eliminar ao máximo a arbitrariedade das hipóteses. Elas não surgem num vazio, mas, de acordo com Bunge, elas são aspectos da criação da cultura. As hipóteses plausíveis, dentro da visão da ciência como sistema, apoiam-se e se controlam mutuamente. A melhor fundamentação que pode ter uma hipótese é a compatibilidade com as teorias existentes. Porém, se a exigência de uma hipótese inserir-se em um sistema teórico resguarda a ciência contra o absurdo e o extravagante, o exagero dessa exigência conduz ao seu marasmo, à estagnação. O progresso da ciência, nas grandes revoluções científicas, deveu-se à ousadia dos grandes pensadores em propor hipóteses inovadoras, rompendo com a forma tradicional de perceber a realidade.

No último nível, o mais elevado, encontramos as *hipóteses convalidadas*. São as que se sustentam em um sistema de teorias, assim como as plausíveis, e, ao mesmo tempo, encontram apoio em evidências empíricas da realidade, tal qual as hipóteses empíricas. As hipóteses convalidadas representam o nível ótimo, pois oferecem condições de se alcançar os dois ideais da ciência: o da racionalidade e o da objetividade.

As hipóteses não podem ser produto nem de invenção arbitrária e nem da pura constatação dos fatos. Deverão, isto sim, ser razoáveis, consistentes, coerentes com o referencial teórico proposto e passíveis de teste empírico através de suas consequências.

4.4 VARIÁVEIS: CONCEITUAÇÃO E TIPOS

Afirmou-se que as hipóteses são explicações que estabelecem as relações ou conexões existentes entre as variáveis. E o que são variáveis?

Variáveis são aqueles aspectos, propriedades, características individuais ou fatores, mensuráveis ou potencialmente mensuráveis, através dos diferentes valores que assumem, discerníveis em um objeto de estudo, para testar a relação enunciada em uma proposição. Assim, no exemplo *A aprendizagem da matemática, entre alunos do 1º grau, está diretamente relacionada com a sua dedicação ao estudo,* a variável *aprendizagem da matemática* pode ser avaliada através de instrumentos e testes que meçam o desempenho dos alunos, atribuindo valores em uma escala de pontos de zero a dez; *dedicação ao estudo* também pode ser mensurada, utilizando-se como indicador o número de horas dedicadas ao estudo e o número e a qualidade da execução das tarefas escolares caseiras, por exemplo, quantificando-as em uma escala de medida.

Massa, peso, velocidade, energia, força, impulso, atrito, são as variáveis mais comuns que são trabalhadas na física; na sociologia e psicologia: inteligência, *status* social, sexo, salário, idade, ansiedade, classe social, preconceito, motivação, agressão, frustração; na economia: custo, tempo, qualidade, produtividade, eficiência, eficácia.

Para Galileu, no episódio ocorrido na catedral de Pisa, o lustre se apresentava na sua imaginação como um pêndulo. De repente, Galileu passou a relacionar as variáveis do fenômeno que estava observando: o *comprimento do fio* que sustentava o lustre, a *distância percorrida* de um a outro extremo do movimento pendular, a *velocidade* e o *tempo* gastos nesse percurso e, provavelmente, o *peso* do lustre. Após a cerimônia religiosa, montou um experimento em sua casa para testar as hipóteses que consideravam a modificação das variáveis constantes no movimento pendular, manipulando essas variáveis e medindo os seus efeitos. Uma das conclusões de Galileu foi a seguinte: o período de oscilação de um pêndulo é dependente do comprimento do fio suspensor. Não depende do peso e nem da distância percorrida. Num pêndulo, podem variar a distância percorrida (extensão do movimento) e a velocidade; o tempo, porém, é constante.

Dependendo do tipo de relação que expressa, a variável pode ser classificada, seguindo a nomenclatura de Tuckman (1972, p. 36-51), em:

Variável independente: é aquela que é fator determinante para que ocorra um determinado resultado. É a condição ou a causa para um determinado efeito ou consequência. É o estímulo que condiciona uma resposta. A variável independente, em uma pesquisa experimental, é aquela que é manipulada pelo investigador, para ver que influência exerce sobre um possível resultado.

Variável dependente: é aquele fator ou propriedade que é efeito, resultado, consequência ou resposta de algo que foi estimulado. A variável dependente não é manipulada, mas é o efeito observado como resultado da manipulação da variável independente.

Na pesquisa de Rosenberg, a variável independente foi a *ativação do sistema imune inato* do seu paciente e a dependente o *desaparecimento espontâneo do câncer.*

Variável moderadora: é aquele fator ou propriedade que também é causa, condição, estímulo ou determinante para que ocorra determinado efeito. Porém, situa-se a um nível secundário, de menor importância que a variável independente. Seria, praticamente, uma variável independente secundária. O valor da variável moderadora se evidencia em pesquisas cujos problemas são complexos, com interferência de vários fatores inter-relacionados. Nesses casos, ela serve para analisar até que ponto esses fatores têm importância na relação entre a variável independente e a dependente. Como diz Tuckman (1972, p. 41), "é aquele fator que é medido, manipulado ou selecionado pelo experimentador para descobrir se ele modifica a relação da variável independente para com o fenômeno observado".

O exemplo que o mesmo autor nos dá é o seguinte: *Entre estudantes da mesma idade e inteligência, o desempenho de habilidades está diretamente relacionado com o número de treinos práticos, particularmente entre os meninos, mas menos diretamente entre as meninas.* A variável independente é o *número de treinos práticos*; a dependente é o *desempenho de habilidades* e a moderadora é o *sexo* (meninos, meninas), que modifica a relação entre a independente e a dependente.

Variável de controle: é aquele fator ou propriedade que poderia afetar a variável dependente, mas que é neutralizado ou anulado, através de sua manipulação deliberada, para não interferir na relação entre a variável independente e a dependente.

Geralmente, na investigação de uma situação complexa, um efeito observado não é resultado de somente uma causa. Não é possível, porém, em um só experimento, analisá-las todas ao mesmo tempo. Alguns fatores, então, são neutralizados para que não tenham efeito sobre o fenômeno estudado. Assim, no exemplo anterior, idade e inteligência, são variáveis de controle. Se não fossem neutralizadas, não se poderia analisar e avaliar a relação entre o número de treinos práticos e o desempenho de habilidades.

Na maioria das pesquisas utiliza-se a randomização da amostra, ou constituição aleatória da amostra, como garantia de neutralização das possíveis variáveis que poderiam interferir na análise entre a variável independente e a dependente. Em uma pesquisa experimental pode-se selecionar e manipular as variáveis que serão neutralizadas e as que permanecem como independentes e dependentes.

Em toda pesquisa deve-se prever que fatores são possíveis determinantes de um fenômeno para selecionar quais deverão ser manipulados, como variável independente e moderadora, e quais neutralizados, como variável de controle.

Variável interveniente: é aquele fator ou propriedade que teoricamente afeta o fenômeno observado. Esse fator, no entanto, ao contrário das outras variáveis, não pode ser manipulado ou medido. É um fator hipotético, teórico, não concreto. Ele é inferido a partir da variável independente ou da moderadora. Geralmente essa variável não é muito considerada pelos pesquisadores.

O exemplo que Tuckman apresenta é o seguinte: *Crianças que foram bloqueadas na consecução de seus objetivos, mostram-se mais agressivas do que as que não o foram*. A variável independente é ter ou não ter o bloqueio: a dependente é o grau de agressividade; a interveniente é a frustração (o bloqueio conduz à frustração e esta à agressividade).

FIGURA 7 – Relações entre as variáveis

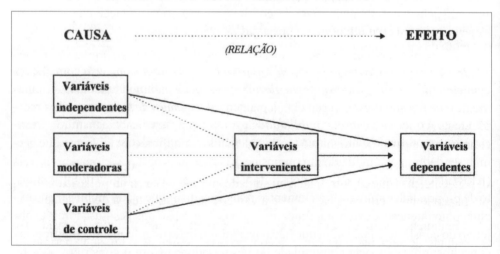

A relação da combinação entre as cinco variáveis é demonstrada na Figura 7, conforme está proposto por Tuckman (1972, p. 47). As variáveis de controle aparecem na coluna *causa* porque poderiam ser identificadas como causa ou condição, embora sejam, na verdade, fatores neutralizados.

4.5 CONCEITOS E CONSTRUTOS

Salientou-se, na análise do método científico, que a explicação científica é inventada pelo pesquisador a um nível teórico e, posteriormente, submetida a testes de falseabilidade, com o intuito de atribuir-lhe valores de verdade fatual. Evidenciou-se também que essa tarefa é um contínuo deslocar-se entre os níveis racionais (abstratos) e empíricos (observacionais), conforme é possível constatar na Figura 8.

No nível racional, teórico, o pesquisador trabalha com teorias e hipóteses que inter-relacionam variáveis. As variáveis, por sua vez, são propriedades ou fatores formalmente expressos através de conceitos. Os conceitos, então, são símbolos que expressam a abstração intelectualizada da ideia de uma coisa ou fenômeno observado. Assim se tem, por exemplo, o conceito de *pedra* que fornece a ideia de um mineral duro, sólido, etc.; o conceito de *inteligência* que deixa compreender a *habilidade de alguém em resolver satisfatoriamente uma situação-problema*.

A linguagem científica deve ser específica e delimitada. Ela tenta representar a realidade através de uma simbologia que deverá ser o máximo exata, sensível e consensual (intersubjetiva) e representar o mais exatamente possível os fenômenos da realidade.

Todo o conceito possui uma intenção e uma extensão. A intenção expressa as propriedades, as características que esse conceito diz representar. A extensão indica o conjunto de elementos reais que esse conceito designa.

A ciência proporciona a conceptualização da realidade. Os conceitos com que ela opera chamam-se construtos. Os construtos são adotados ou inventados conscientemente com um significado específico. Conceitos e construtos significam quase a mesma coisa. A diferença está em que o construto possui um significado construído intencionalmente a partir de um marco teórico, devendo ser definido de tal forma que permita ser delimitado, traduzido em proposições particulares observáveis e mensuráveis (KERLINGER, 1985, p. 42). Os construtos são uma construção lógica de um conjunto de propriedades aplicáveis a elementos reais, que distingue o que inclui e o que exclui como intenção e extensão, fundamentado no consenso dos pesquisadores. O objetivo do construto é fazer com que não haja ambiguidade no referencial empírico dos conceitos utilizados pela comunidade de pesquisadores. Com o construto todos os pesquisadores atribuirão a mesma significação aos mesmos conceitos, tornando-se claros e específicos. Dessa forma pode a ciência, no nível empírico, realizar as observações e elaborar os testes intersubjetivos de que necessita.

FIGURA 8 – Passagem dos conceitos às manifestações dos fenômenos

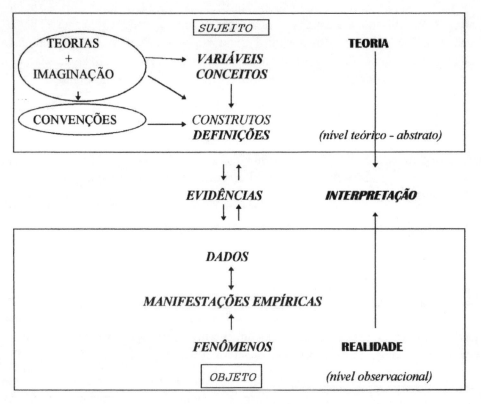

4.6 DEFINIÇÕES EMPÍRICAS DOS CONCEITOS

Para traduzir os conceitos e construtos do nível teórico e abstrato para o empírico e observacional, proporcionando, com isso, o teste empírico das proposições, a ciência utiliza as definições. Segundo Hempel (1970, p. 110), as definições têm a finalidade de "enunciar ou descrever o que se aceita como significado [...] de um termo já em uso e/ou atribuir por estimulação um significado especial a dado termo".

As definições são utilizadas para designar as manifestações empíricas dos fenômenos (manifestações observáveis) atribuíveis aos conceitos ou construtos e, assim, através da observação e análise desses referentes observáveis testar as hipóteses. Sem o referencial empírico não haveria nenhuma possibilidade de uma hipótese ou teoria ser testada.

Pode-se definir um construto nominalmente ou operacionalmente. A definição nominal, que pode ser descritiva, constitutiva, estipulativa, real, ou outra, especifica, utilizando um referencial teórico pertinente, as propriedades e características empíricas que um conceito contém.

Exemplos:

– *Filogênese* é o estudo que indica as formas de evolução da vida;

– *Temperatura* é uma grandeza física que mede o estado de agitação das partículas de um corpo, caracterizando o seu estado térmico;

– *Ansiedade* é o medo subjetivado;

– *Corpo opaco*: é dito opaco quando a maior parte da energia incidente é absorvida, isto é, quando são mínimas as parcelas de energia refletida e refratada;

– Uma *caloria* é a quantidade de calor necessária para aumentar a temperatura de um grama de água de 14,5°C a 15,5°C sob pressão atmosférica normal.

As definições nominais utilizam termos pré-teóricos já conhecidos para esclarecer o sentido do conceito utilizado. É a substituição de um termo que deve ser definido por outros que já possuem um significado claro e que indicam as características, manifestações empíricas ou atributos abrangidos pelo conceito. Através das definições empíricas é possível estabelecer os indicadores que podem ser utilizados para categorizar a variável definida. Por exemplo, o nível socioeconômico pode ser observado através dos seguintes indicadores: salário, tipo de habitação, qualidade e quantidade de bens imóveis e móveis e outros. Os indicadores servem para selecionar aspectos que proporcionem a aferição empírica da variável.

A definição operacional indica a ação ou a operação pela qual o significado do construto se manifesta. Ela indica a atividade ou o comportamento que pode ser observado para se constatar a existência do construto.

Hempel (1970, p. 113) dá um exemplo claro de definição operacional na química: *"Para se achar se o termo 'ácido' se aplica a um dado líquido [...] coloque-se nele uma tira de papel de tornassol azul: o líquido é um ácido e somente se o papel virar vermelho"*. A definição operacional de um conceito mostra, portanto, quais as ações ou operações que devem ser executadas para que a variável possa ser observada ou medida pelo pesquisador.

A definição operacional é muito utilizada principalmente em pesquisas na psicologia, na sociologia e na educação. Contudo, alguns a acusam de viciosa (POPPER, 1975, p. 501) e de "obscurecer aspectos sistemáticos e teóricos dos conceitos científicos" (HEMPEL, 1970, p. 117). O próprio Kerlinger (1985, p. 47-48) reconhece que o operacionismo pode conduzir a ciência a preocupar-se com aspectos triviais, diminuindo o valor dos construtos e das definições constitutivas que utilizam termos pré-teóricos. Qualquer definição, contudo, poderá ter essas limitações. Einstein, que, inicialmente, acreditava no operacionismo, passou, posteriormente, a rejeitá-lo.

A rejeição do operacionismo se torna marcante em Popper (1975, p. 501; 1977, p. 105 e 149-157). Para ele é desnecessário o uso do operacionismo. Para passar do teórico para o empírico e vice-versa, isto é, para analisar se um enunciado corresponde aos fatos, ele propõe o uso dos enunciados básicos. Por enunciados básicos Popper (1975, p. 45) entende a proposição ou o enunciado "que pode atuar como premissa numa falsificação empírica; em suma, o enunciado de um fato singular". Ou, como nos diz Kolakowski (apud BRUYNE et al., 1977, p. 124), "os enunciados de base são convenções científicas, isto é, postulados arbitrários necessários para evitar a regressão ao infinito na demonstração científica".

Segundo Popper (1975, p. 90-92), a definição empírica de uma teoria é correta quando se consegue encontrar enunciados singulares que a tornem falseável, isto é, que oferece enunciados básicos que possam ser classificados, de um lado como incompatíveis com a teoria – falseadores potenciais –, e, de outro, como compatíveis com ela – não falseadores potenciais, ou que a não contradigam. Dessas duas classes a teoria só levará em conta a dos falseadores potenciais, pois só poderá afirmar que não é falsa e nunca que é verdadeira. O enunciado básico, por exemplo, para a hipótese *todos os alcoólatras têm problemas financeiros* é *há um alcoólatra que não tem problemas financeiros*.

Com a utilização dos enunciados básicos pode-se testar uma teoria submetendo-a a prova. Eles são o fundamento para a corroboração de uma hipótese. Nesse caso, uma teoria será julgada falseada (refutada) se os enunciados básicos corroborarem uma hipótese falseadora ao mesmo tempo. Se os falseadores potenciais forem confirmados, a hipótese será rejeitada. Se os falseadores potenciais forem rejeitados, a hipótese não será rejeitada.

Devemos submeter as teorias a experimentos severos através de hipóteses que difiram em algum de seus aspectos (modificando, por exemplo, a relação entre as variáveis ou colocando outras variáveis) para que se refute pelo menos uma delas.

O uso de qualquer uma dessas formas de definição ou o uso de enunciados básicos é exigência para que se traduza o construto, a variável ou o enunciado conceitual das teorias ou das hipóteses, de uma forma que corresponda o máximo aos fatos a que se referem. Somente dessa forma pode-se analisar se as teorias correspondem ao fenômeno analisado. Somente assim se poderá atribuir valor de verdade fatual aos construtos teóricos.

O uso de hipóteses na ciência é, pois, indispensável. Preferentemente, devem ser utilizadas hipóteses que tenham consistência interna e que encontrem algum marco teórico onde se apoiar. Elas devem estabelecer com a máxima clareza as possíveis relações do fenômeno investigado de tal forma que ofereçam condições cruciais de testabilidade empírica. Sem hipóteses não há o quê e nem como pesquisar.

Leituras complementares

Uma teoria é um conjunto de construtos inter-relacionados (variáveis), definições e proposições que apresentam uma visão sistemática de um problema especificando relações entre variáveis, com a finalidade de explicar fenômenos naturais (KERLINGER, 1985, p. 73).

Não houve progresso significativo no pensamento científico do decorrer da aplicação do método baconiano o qual consistiu basicamente na acumulação de fatos empíricos sem hipóteses prévias (COHEN, 1956, p. 148).

Fala-se frequentemente que os experimentos deveriam ser realizados sem ideias preconcebidas. Isto é impossível. Isso não só tornaria todos os experimentos infrutíferos, como também acarretaria a impossibilidade de levá-los a cabo (POINCARÉ, 1952, p. 143).

O raciocínio científico é diálogo exploratório que sempre se pode resolver em duas vozes ou episódios de pensamento, imaginativo e crítico, que se alternam e interagem. No episódio imaginativo formamos uma opinião, adotamos um ponto de vista, fazemos uma conjetura informada, que poderia explicar o fenômeno investigado. O ato gerador é a formação de uma hipótese, "temos de entreter alguma hipótese", dizia Peirce, "ou então renunciar a todo conhecimento novo", pois o raciocínio hipotético "é o único tipo de argumento que inicia uma nova ideia". O processo pelo qual chegamos a formular uma hipótese não é ilógico, porém não-lógico, isto é, fora da lógica (MEDAWAR, 1975, v. 27, p. 238).

Na ciência não se parte de *definições*. Para definir, utilizamos sempre um esquema teórico admitido. Uma definição, em geral, é a *releitura de um certo número de elementos do mundo por meio de uma teoria*; é portanto uma interpretação. Assim, a definição de uma célula em biologia não é um ponto de partida, mas resultado de um processo interpretativo teórico. Do mesmo modo, não se começou definindo um elétron para então ver como encontrá-lo na realidade; a teoria de um elétron desenvolveu-se pouco a pouco, após o que pôde-se definir o que se entende pelo termo (FOUREZ, 1995, p. 46).

5 O FLUXOGRAMA DA PESQUISA CIENTÍFICA

> Toda pesquisa de certa magnitude tem que passar por uma fase preparatória de planejamento. A própria necessidade de sua realização deve ser obrigatoriamente posta em questão. Devem estabelecer-se certas diretrizes de ação e fixar-se uma estratégica global. Certas decisões cruciais deverão ser colocadas em primeiro plano, embora a vitalidade da pesquisa dependa de um certo grau de flexibilidade que se deve manter. A realização desse trabalho prévio é imprescindível (CASTRO, 1976, p. 13).

A ciência se apresenta como um processo de investigação que procura atingir conhecimentos sistematizados e seguros. Para que se alcance esse objetivo é necessário que se planeje o processo de investigação. Planejar significa, aqui, traçar o curso de ação que deve ser seguido no processo da investigação científica. Planejar subentende prever as possíveis alternativas existentes para se executar algo.

Essa exigência de planejamento não significa, porém, que se sigam normas rígidas. A flexibilidade deve ser a característica principal do planejamento da pesquisa, de tal forma que as estratégias previstas não bloqueiem a criatividade e a imaginação crítica do investigador. A investigação não deve estar em função das normas, mas em função do seu objetivo que é buscar a explicação para o problema investigado. Pesquisar significa identificar uma dúvida que necessita ser esclarecida e construir e executar o processo que apresenta a sua solução, quando não há teorias que a expliquem, ou quando as teorias que existem não estejam aptas para fazê-lo.

Já se afirmou que não existe método científico no sentido de código normativo do comportamento científico estabelecido previamente. O que existe são critérios gerais orientadores que, no depoimento dos investigadores, facilitam o processo de investigação. O que se pretende aqui é justamente analisar esses critérios.

5.1 TIPOS DE PESQUISA

O planejamento de uma pesquisa depende tanto do problema a ser investigado, da sua natureza e situação espaçotemporal em que se encontra, quanto da natureza e nível de conhecimento do investigador. Isso significa que pode haver um número sem fim de tipos de pesquisa.

Serão desconsideradas as diferentes classificações desses tipos para utilizar apenas uma: a que leva em conta o procedimento geral que é utilizado para investigar o problema. Segundo esse critério, pode-se distinguir no mínimo três tipos de pesquisa: a bibliográfica, a experimental e a descritiva.

A **pesquisa bibliográfica** é a que se desenvolve tentando explicar um problema, utilizando o conhecimento disponível a partir das teorias publicadas em livros ou obras congêneres. Na pesquisa bibliográfica o investigador irá levantar o conhecimento disponível na área, identificando as teorias produzidas, analisando-as e avaliando sua contribuição para auxiliar a compreender ou explicar o problema objeto da investigação. O objetivo da pesquisa bibliográfica, portanto, é o de conhecer e analisar as principais contribuições teóricas existentes sobre um determinado tema ou problema, tornando-se um instrumento indispensável para qualquer tipo de pesquisa.

Pode-se utilizar a pesquisa bibliográfica com diferentes fins: a) para ampliar o grau de conhecimentos em uma determinada área, capacitando o investigador a compreender ou delimitar melhor um problema de pesquisa; b) para dominar o conhecimento disponível e utilizá-lo como base ou fundamentação na construção de um modelo teórico explicativo de um problema, isto é, como instrumento auxiliar para a construção e fundamentação das hipóteses; c) para descrever ou sistematizar o estado da arte, daquele momento, pertinente a um determinado tema ou problema.

Na **pesquisa experimental** (em que medida x afeta y? Ou em que medida x_1, x_2, x_3, ... x_n afetam y?) o investigador analisa o problema, constrói suas hipóteses e trabalha manipulando os possíveis fatores, as variáveis, que se referem ao fenômeno observado, para avaliar como se dão suas relações preditas pelas hipóteses. Nesse tipo de pesquisa a manipulação na quantidade e qualidade das variáveis proporciona o estudo da relação entre causas e efeitos de um determinado fenômeno, podendo o investigador controlar e avaliar os resultados dessas relações, tal como o fez Rosenberg em sua investigação sobre a imunoterapia adotiva para o tratamento do câncer.

Tomemos um exemplo de pesquisa experimental da agricultura. Imaginemos que se quer identificar o tipo de semente de trigo que tem maior produtividade para ser cultivado em uma determinada região. O investigador, à luz do conhecimento disponível, determina as principais variáveis que devem ser trabalhadas, tais como: o tipo de solo, a qualidade e quantidade de adubo, os tipos de tratamentos com fungicidas que podem ser aplicados, temperatura, clima, umidade do solo e época de plantio. A pesquisa pode ser feita planejando-se a manipulação de uma ou de diversas variáveis. Pode-se, por exemplo, manter constantes as variáveis tipo de *solo*, quantidade e qualidade de *adubo*, *umidade*, tratamentos com *fungicidas* e manipular somente a variável *tipo de semente*. Neste caso o experimento é simples: basta preparar uma área de cultivo com o mesmo tipo de solo, na mesma localidade, e construir canteiros de áreas iguais para cada tipo de semente a ser testada e semeá-las na mesma quantidade. Esses canteiros terão a mesma forma de correção de solo e aplicação de mesmas quantidades e qualidades de adubos, mesmos processos de irrigação e aplicação de tratamentos de fungicidas. Após a colheita mede-se a produção obtida de cada semeadura e avalia-se a produtividade de cada tipo de semente.

Ao invés de apenas uma variável manipulada e as outras neutralizadas, poder-se-ia manipular duas ou mais variáveis independentes. Nesse caso o experimento se tornaria mais complexo. Por exemplo: para cada tipo de semente, poder-se-ia estabelecer um grupo experimental e um de controle, manipulando cada uma das outras variáveis, adubo, umidade e fungicidas. Com isso se constataria, no final do experimento, a interferência de cada um desses fatores na relação entre tipo de semente, solo e produção, e em que circunstâncias cada semente obteria melhor produtividade. Esse tipo de pesquisa é chamado de *delineamento fatorial*, pois trabalha com mais de duas variáveis independentes, com o objetivo de estudar seus efeitos conjuntos ou separados sobre a variável dependente.

A manipulação *a priori* das variáveis independentes e o controle das variáveis estranhas é a característica da pesquisa experimental. Se no exemplo citado anteriormente pareceu fácil neutralizar o efeito das variáveis de controle para não deixá-las interferir na relação entre a independente (tipo de semente) e a dependente (produtividade), isso não ocorre com a maioria das pesquisas, principalmente na área das ciências sociais. Na avaliação, por exemplo, da influência da titulação dos professores sobre o rendimento escolar dos alunos do segundo grau na disciplina de matemática, pode-se planejar o experimento selecionando-se três tipos de professores para formar três grupos de estudo: professores sem titulação (sem curso superior), professores titulados com graduação e titulados com mestrado. A dificuldade para planejar um experimento que meça apenas a relação entre titulação do corpo docente e rendimento escolar está na seleção de uma amostra de alunos que estejam nivelados com relação às variáveis que interferem nessa relação: inteligência, interesse pelos estudos, gosto pela matéria, domínio do conteúdo e pensamento matemático. Seria possível avaliar cada uma dessas variáveis e formar grupos homogêneos? Praticamente isso seria impossível. Para solucionar essa dificuldade convencionou-se utilizar a técnica da composição aleatória dos indivíduos nos grupos, onde cada sujeito terá a mesma probabilidade de pertencer a qualquer grupo. Através dessa solução procura-se minimizar a influência das variáveis estranhas ao problema.

O controle das possíveis variáveis que podem interferir e contaminar a relação entre a independente e a dependente pode ser alcançado com maior eficiência nos *experimentos de laboratório*. O isolamento físico do laboratório facilita a manipulação e o controle das condições ideais que devem ser observadas, proporcionando a vantagem de uma precisão alta na mensuração das relações entre as variáveis. O mesmo não acontece nos *experimentos de campo*.

A **pesquisa descritiva**, **não experimental**, ou *ex post facto*, estuda as relações entre duas ou mais variáveis de um dado fenômeno sem manipulá-las. A pesquisa experimental cria e produz uma situação em condições específicas, geralmente com aleatoriedade da amostra e com elevado poder de manipulação das variáveis independentes e controle das estranhas, para analisar a relação entre variáveis; a descritiva constata e avalia essas relações à medida que essas variáveis se manifestam espontaneamente em fatos, situações e nas condições que já existem. Na pesquisa descritiva não há a manipulação *a priori* das variáveis. É feita a constatação de sua manifestação *a posteriori*.

Poder-se-ia investigar a mesma questão anterior – de qual a semente de trigo que apresenta maior produtividade para uma determinada região – planejando um *design* de pesquisa não experimental. Nesse caso se deveria trabalhar com uma amostra de agricultores que cultivam trigo e, através de instrumentos específicos, far-se-iam os registros pertinentes ao tipo e quantidade de semente cultivada por área de semeadura, análise da qualidade do solo, irrigação utilizada ou nível pluviométrico, quantidade e qualidade da adubação, época de plantio, forma de colheita e além de mais outras variáveis que poderiam interferir na produção final. Através de testes estatísticos se faria a análise e avaliação da relação entre semente e produtividade.

A decisão de se utilizar a pesquisa experimental ou não experimental na investigação de um problema vai depender de diversos fatores: natureza do problema e de suas variáveis, fontes de informação, recursos humanos, instrumentais e financeiros disponíveis, capacidade do investigador, consequências éticas e outros. Na área das ciências humanas e sociais, além dos problemas éticos envolvidos[49], é muito difícil operacionalizar a manipulação *a priori* das variáveis, pela natureza dessas variáveis. Não se consegue, por exemplo, aumentar ou diminuir a inteligência de uma pessoa para verificar os seus efeitos sobre uma outra variável. Será necessário compor amostras com indivíduos que apresentem diferentes níveis de inteligência para poder desenvolver o estudo. Esse fator torna mais difícil a execução de pesquisas experimentais nessa área.

Deve-se, também, avaliar as vantagens e as limitações que apresentam um e outro tipo de pesquisa. Kerlinger (1985, p. 127) apresenta três vantagens da pesquisa experimental. A primeira é a possibilidade de fácil manipulação das variáveis, proporcionando uma situação de elevado controle dos experimentos e de estudo detalhado das relações entre as variáveis, isoladamente ou em conjunto; a segunda é a flexibilidade das situações experimentais que otimiza a testagem dos vários aspectos das hipóteses; a terceira é a possibilidade de replicar os experimentos ampliando e facilitando, dessa forma, a participação da comunidade científica na sua avaliação. Como limitações, Kerlinger aponta a falta de generalidade. Um resultado evidenciado em uma pesquisa experimental de laboratório nem sempre é o mesmo do obtido em uma situação de campo, onde há variáveis muitas vezes desconhecidas ou imprevisíveis que podem intervir nos resultados, bem como a própria natureza das variáveis "naturais" que se diferenciam das "artificiais". Por esse motivo, os seus resultados devem permanecer restritos às condições experimentais.

Não há maior valor de um ou outro tipo de pesquisa. Os méritos de uma pesquisa experimental ou de uma descritiva são os mesmos, desde que haja em ambas mostra de cientificidade e desde que o tipo de pesquisa seja o mais adequado à natureza do problema analisado. Se, por um lado, como já foi visto anteriormente, a experimental oferece maior rigor no controle tornando mais precisos os seus resultados, por outro, perde a espontaneidade, naturalidade e grau de generalização, que é bem maior na pesquisa não experimental.

Não se pode, a rigor, querer estabelecer uma nítida separação entre um e outro tipo. Muitas vezes se encontram esquemas mistos que utilizam tanto a constatação quanto a manipulação de variáveis. Mesmo dentro de cada um desses tipos de pesqui-

---

49. Não se pode, por exemplo, deixar um grupo de indivíduos sem alimentação regular para verificar o seu efeito sobre a sua produtividade no trabalho. Pode-se, porém, através de uma pesquisa descritiva, selecionar uma amostra aleatória de trabalhadores de diferentes faixas de produtividade e investigar a quantidade e a qualidade de alimentos que ingerem diariamente.

sa, pode-se identificar dezenas de *designs* diferentes, como apresenta Campbell e Stanley (1979). A pesquisa bibliográfica, por sua vez, é estritamente necessária para se efetuar tanto a pesquisa descritiva quanto a experimental. Não se pode prescindir, sem querer com isso cair num fetichismo, da análise teórica prévia para planejar os outros dois tipos de pesquisa.

Um outro tipo de pesquisa que tem grande utilização, principalmente nas ciências sociais, é a **exploratória**. A pesquisa experimental e a descritiva pressupõem que o investigador tenha um conhecimento aprofundado a respeito dos fenômenos e problemas que está estudando. Há casos, porém, que não apresentam ainda um sistema de teorias e conhecimentos desenvolvidos. Nesses casos é necessário desencadear um processo de investigação que identifique a natureza do fenômeno e aponte as características essenciais das variáveis que se quer estudar. Na pesquisa exploratória não se trabalha com a relação entre variáveis, mas com o levantamento da presença das variáveis e da sua caracterização quantitativa ou qualitativa.

Recentemente foi desenvolvida no Brasil uma pesquisa exploratória para caracterizar o nível dos conhecimentos dos alunos que concluem o 1° e 2° graus. As perguntas fundamentais que essa pesquisa pretendeu responder foram: Qual o nível de conhecimento, nas matérias básicas, dos alunos que concluem o 2° grau? Quais são as lacunas que existem nos conhecimentos desses alunos? Fundamentando-se no que um aluno deveria ter, referentes a essas matérias básicas, de conhecimentos e habilidades desenvolvidos ao concluir o 2° grau, esses conhecimentos e habilidades foram avaliados através de um conjunto de testes que foram aplicados aos alunos concluintes.

O objetivo fundamental de uma pesquisa exploratória é o de descrever ou caracterizar a natureza das variáveis que se quer conhecer.

5.2 O FLUXOGRAMA DA PESQUISA

Desde a preparação até a apresentação de um relatório de pesquisa estão envolvidas diferentes etapas. Elas não são estanques como aparece nessa apresentação. Algumas delas são concomitantes; outras estão interpostas. O fluxo que ora se apresenta tem apenas uma finalidade didática de exposição. Na realidade ele é extremamente flexível. O quadro que apresentamos a seguir (Figura 9) serve para demonstrar a sequência desse fluxo.

FIGURA 9 – Fluxograma da pesquisa científica

---

1. Etapa de PREPARAÇÃO e de DELIMITAÇÃO DO PROBLEMA

Escolha do tema
⇓
Revisão da literatura

Documentação ⇒ Construção do referencial
Crítica da documentação   teórico
⇓   ⇓   ⇓
Delimitação do problema e Construção das hipóteses

---

2. Etapa de CONSTRUÇÃO DO PLANO

Problema e justificativa
Objetivos
Referencial teórico
Hipóteses, variáveis e definições
Metodologia:
– "design";
– população e amostra;
– instrumentos;
– plano de coleta, tabulação e análise dos dados.

Estudo piloto com testagem dos instrumentos, técnicas e plano de análise dos dados

---

3. Etapa de EXECUÇÃO DO PLANO

Estudo piloto
Treinamento dos entrevistadores
Coleta de dados
Tabulação
Análise Estatística
Avaliação das hipóteses

---

4 . Etapa de CONSTRUÇÃO e APRESENTAÇÃO DO RELATÓRIO

– Construção do esquema do relatório: problema, referencial teórico, resultado da avaliação do teste das hipóteses e conclusões.

– Redação: sumário, introdução *(problema, justificativa, objetivos, citação do marco teórico, hipóteses),* corpo do trabalho *(problema, apresentação e discussão das teorias que compõem o referencial teórico e dos resultados alcançados em função do teste e avaliação das hipóteses),* conclusão *(problema, resultados e limitações),* referências bibliográficas, bibliografia, tabelas, gráficos, anexos.

– Apresentação: de acordo com normas da ABNT.

5.2.1 Primeira etapa: a preparatória

A *primeira etapa*, a *preparatória*, é dedicada à escolha do tema, à delimitação do problema, à revisão da literatura, construção do marco teórico e construção das hipóteses. O objetivo fundamental dessa etapa é o investigador definir o problema que irá investigar. Como a identificação e delimitação do problema não ocorre de uma forma mecânica e instantânea, ela requer que, concomitantemente, seja executada em conjunto com a revisão da literatura, construção do referencial teórico e das hipóteses. É nessa etapa, em geral, que se apresentam as principais dificuldades para o investigador.

A **escolha do tema** para uma pesquisa deve estar condicionada à existência, principalmente, de três fatores:

O primeiro é que o tema deve responder aos interesses de quem investiga. De nada adianta, por exemplo, para um estudante, escolher um tema de questões metafísicas se estas não despertarem seu interesse.

O segundo fator é a qualificação intelectual de quem investiga. O pesquisador deve se propor temas que estejam ao alcance da sua capacidade e do seu nível de conhecimento. É aconselhável escolher temas dentro do contexto teórico que mais se domina. É necessário compatibilizar a capacidade do investigador com as fontes disponíveis.

O terceiro é a existência de fontes de consulta que estejam ao alcance do pesquisador. O primeiro passo para constatar a sua existência é fazer um levantamento das publicações que existem sobre o tema nas bibliotecas, consultando catálogos e revistas especializadas que publicam *abstracts*, resenhas e comentários. Uma boa técnica para localizar as fontes é consultar a bibliografia utilizada por autores que versem sobre o tema. Outra é consultar especialistas ou estudiosos sobre o assunto. A consulta às principais bibliotecas e institutos de pesquisa nacionais e internacionais se torna facilitado hoje pela existência das redes mundiais de informatização. O uso da internet, do correio eletrônico e de outras formas eletrônicas de acesso à informação coloca rapidamente o pesquisador junto às fontes que deseja.

Escolher o tema é indicar a área e a questão que se quer investigar. Por exemplo: as causas do baixo nível de conhecimentos em física dos alunos que concluem o 2º grau; as consequências do êxodo rural na estruturação dos grupos urbanos; as consequências da verminose em crianças da periferia urbana; novas formas de eliminar os parasitas e insetos que devastam as plantações sem afetar o equilíbrio ecológico; fontes e formas alternativas de produção de energia limpa; causas do retardamento mental; a imunoterapia para a cura do câncer.

No entanto, apenas a escolha do tema não diz ainda o que o pesquisador quer investigar. A sua meta, nesta etapa, é a de delimitar a dúvida que irá responder com a pesquisa. A **delimitação do problema** esclarece os limites precisos da dúvida que tem o investigador dentro do tema escolhido. Não se pode propor uma pesquisa onde não há a dúvida. Inicialmente, à luz dos próprios conhecimentos, o investigador elabora uma delimitação provisória do seu problema de investigação. Progressivamente, à medida que os seus conhecimentos vão se ampliando em função das leituras efetuadas na revisão da literatura pertinente, o investigador começará a perceber o complexo de variáveis que estão presentes no tema de pesquisa que escolheu e, então, começará a decidir com quais irá trabalhar.

Assim, por exemplo, dentro do tema *baixo nível de conhecimentos dos alunos que concluem o 2º grau*, pode-se levantar as seguintes dúvidas:

– *Os métodos e técnicas de ensino utilizados influenciam no nível dos conhecimentos dos alunos?*

– *Há diferenças relevantes no nível dos conhecimentos dos alunos das escolas públicas e privadas?*

– *Há diferenças significativas no nível de conhecimentos entre os alunos de cursos noturnos e diurnos?*

– *Os alunos que têm aulas práticas em laboratórios bem equipados possuem maior nível de conhecimentos dos que não as têm?*

– *A multiplicidade de disciplinas no currículo escolar, com a consequente pulverização dos conteúdos programáticos, é responsável pela superficialidade dos conhecimentos que os alunos possuem no término do 2º grau?*

– *A necessidade de trabalhar para auxiliar no orçamento familiar, com a consequente diminuição do horário de estudo, influencia o baixo rendimento escolar?*

– *Há relação significativa entre o nível de titulação dos professores com o nível de conhecimento dos alunos que concluem o 2º grau?*

A relação do baixo ou elevado nível de conhecimentos dos alunos que concluem o 2º grau poderia ser estabelecida ainda com as variáveis *renda familiar, nível de escolarização dos pais, ausência de motivação familiar, inadequação do material didático e dos programas de ensino, nível de exigência nas avaliações, planejamento de ensino, condições materiais da escola, relação com a realidade,* e tantas outras de caráter psicológico, socioeconômico, epistemológico e metodológico.

Pode-se perceber que a simples escolha de um tema deixa o campo da investigação muito amplo e muito vago. Há a necessidade de se estabelecer os limites de abrangência do estudo a ser efetuado. Isso só é possível quando se delimita com precisão o problema[50].

Um problema está bem delimitado quando, através de perguntas pertinentes, especifica com clareza as diversas dúvidas. O problema é a dificuldade sem solução que deve ser respondida, expresso em forma de enunciado interrogativo que contém no mínimo a relação entre duas variáveis. Se não manifestar essa relação é sinal que ele ainda não está suficientemente claro para a investigação.

Para se chegar ao enunciado do problema deve-se antes defini-lo, especificando:

a) a área ou o campo de observação.

Exemplos: *O uso de drogas e o aumento da criminalidade. O uso de laboratórios para aulas práticas e o nível de conhecimentos dos alunos.*

b) as unidades de observação. Deve estar claro *quem* ou *o quê* deverá ser objeto de observação, que *características* deverão ter, o *local* e o *período* em que será feita a observação.

Exemplos:

– para a delinquência juvenil: *jovens de 13 a 18 anos, de Caxias do Sul, que já tenham sido condenados judicialmente e recolhidos em reformatórios, nos anos de 1980 a 1983;*

– para o uso de laboratórios: *alunos que frequentam as disciplinas de química e física nas segundas séries do 2º grau, habilitação auxiliar de laboratório, de ambos os sexos, das escolas públicas de Caxias do Sul, no ano de 1980.*

c) as variáveis principais. Devem ser apresentadas as variáveis que serão estudadas, mostrando que aspectos ou que fatores mensuráveis serão analisados, com a respectiva definição empírica[51].

---

50. Retomar o capítulo "Problema, hipóteses e variáveis". Verificar nesse capítulo a delimitação de um problema de investigação, a classificação e definição das variáveis e as características e a construção das hipóteses.

51. A definição empírica das variáveis é feita a partir das contribuições teóricas obtidas pela revisão da literatura. As definições empíricas são convenções que a ciência procura utilizar uniformemente para poder proporcionar a crítica universal e intersubjetiva. É importante, portanto, fundamentar as definições da literatura existente.

Exemplos:

– variável *uso de drogas*: consumo de tóxicos que criam dependência física, tais como morfina, cocaína e maconha;

– variável *criminalidade*: prática de homicídio culposo;

– variável *nível de conhecimentos*: expresso em notas que reproduzem o percentual da aplicação, compreensão ou da assimilação dos conteúdos propostos no programa de química e física, aferidos através de provas.

Após a definição da área ou do campo de observação, das unidades de observação e das variáveis principais, apresenta-se o enunciado do problema.

Exemplos:

– *Entre jovens de 13 a 18 anos, em Caxias do Sul, o uso de tóxicos aumentou o índice de criminalidade?* Ou: *O consumo de cocaína, morfina e maconha, entre jovens de 13 a 18 anos, em Caxias do Sul, aumentou o índice de homicídios?*

– O uso de laboratórios para ministrar aulas práticas de física e química aos alunos das segundas séries do 2º grau das escolas públicas de Caxias do Sul aumenta o seu nível de conhecimentos nessas disciplinas?

A delimitação do problema, que compreende a sua definição e enunciado, não se executa em um momento específico e isolado dos outros. Ela é decorrente e vai se efetuando à medida que se desenvolve a revisão da literatura, a construção do marco de referência teórica, e se estende até o término da elaboração do projeto. Até esse momento ocorrem delimitações progressivas e provisórias, pois o aumento do acervo cultural-informativo proporcionado pela revisão da literatura, as condições operacionais ou circunstanciais da pesquisa poderão levar à sua reformulação ou correção. Na prática, à medida que progride a investigação, o problema torna-se mais claro, podendo até mesmo ser reformulado progressivamente.

Para que ocorra essa clareza na delimitação do problema é necessário que o investigador tenha conhecimento. Ninguém investiga o que não conhece. E a forma mais fecunda para se obter conhecimento é através da **revisão da literatura** pertinente ao tema que se propõe investigar. O objetivo da revisão da literatura é o de aumentar o acervo de informações e de conhecimentos do investigador com as contribuições teóricas já produzidas pela ciência para que, sustentando-se em alicerces de conhecimentos mais sólidos, possa tratar o seu objeto de investigação de forma mais segura. A revisão da literatura qualifica e capacita o investigador, fornecendo-lhe a base teórica disponível na ciência para que possa perceber, à luz das teorias, os diferentes aspectos presentes no problema investigado. A ciência é uma renovação, uma correção, um aperfeiçoamento, uma construção crítica e histórica constante do conhecimento. Lançar-se em uma investigação desconhecendo as contribuições relevantes já existentes é arriscar-se a perder tempo em busca de soluções que talvez outros já tenham encontrado, ou percorrer caminhos já trilhados com insucesso. A revisão da literatura provoca um abrir de horizontes, habilitando o investigador para a análise do seu problema. A revisão da literatura contém os resultados de pesquisas já efetuadas, apontando as variáveis que podem estar presentes em um determinado fenômeno, bem como a explicação e a definição dos construtos constantes nas variáveis que fazem parte do problema investigado.

A revisão da literatura é feita buscando-se nas fontes primárias e na bibliografia secundária, que registram os relatos e resultados das pesquisas efetuadas, as informações relevantes que foram produzidas e que têm relação com o problema investigado. Essas fontes de consulta podem ser obras publicadas, livros, monografias, periódicos especializados e documentos e registros existentes em institutos de pesquisa.

Durante a revisão da literatura, em que se retoma as ideias dos autores consultados, deve-se executar o registro dessas ideias em fichas, juntamente com os comentários pessoais. O objetivo dessa **documentação** bibliográfica é o de acumular e organizar as ideias relevantes já produzidas na ciência, registrando-as de forma sistemática para que seja mais fácil o seu uso posterior. Deve-se ter o cuidado de anotar todos os dados bibliográficos completos da fonte consultada, utilizados posteriormente como referências bibliográficas das citações. Diversas formas podem ser utilizadas para a documentação, quer em fichários comuns ou informatizados eletronicamente. O importante é que o pesquisador organize suas informações, classificando suas fichas pelos critérios que lhe tragam maior serventia, quer seja por autor, por obra ou por assunto, com todos os dados relevantes da obra consultada.

Concluída a documentação, inicia-se a fase da avaliação e **crítica**. Nesse momento deve-se estabelecer o confronto entre as ideias consideradas relevantes examinando a sua consistência, o seu nível de coerência interna e externa e comparando-as entre si. A crítica depende em grande parte da perspicácia e inteligência de quem examina. O importante é notar os pontos positivos e negativos nas teorias analisadas, inter-relacionando-as umas com as outras. Não esquecer que a crítica tem sempre em vista o problema investigado. É ela que seleciona o acervo de ideias trabalhadas para a montagem posterior do quadro de referências teóricas.

Após a crítica se inicia a ordenação das ideias coletadas, tendo em vista o problema investigado, os objetivos da investigação, as teorias relevantes que o abordam com seus pontos positivos e negativos e as hipóteses propostas pelo autor. Esta fase é a da **construção**, da montagem e exposição **do quadro de referência teórica** que será utilizado para a delimitação e a análise do problema abordado, bem como para a sustentação das hipóteses sugeridas e a construção das definições que traduzem os conceitos abstratos das variáveis em seus correspondentes empíricos observáveis. Ela envolve um período em que se exige reflexão, crítica e poder criativo, para se examinar e ponderar as colocações dos diferentes autores consultados, comparando-as e ordenando-as tendo em vista a explicação do problema.

Se a pesquisa for *bibliográfica*, após análise gradativa, constrói-se o quadro de referência teórica que sustenta as conclusões e se está, então, apto a construir o plano do relatório da pesquisa e redigi-la.

Se a pesquisa for ou *experimental* ou *descritiva*, a fase seguinte comporta a explicitação de hipóteses, o estabelecimento das variáveis e suas definições empíricas, conforme já exposto no capítulo anterior.

5.2.2 Segunda etapa: a elaboração do projeto de pesquisa

A partir desse momento, tendo clareza do problema a ser investigado, as variáveis que o compõem, a fundamentação teórica e as hipóteses para serem testadas, o investigador pode iniciar a **segunda etapa** da investigação, preocupando-se com a **elaboração do projeto** que estabelece a sequência da investigação, tendo como curso orientador o problema e o teste das hipóteses. Sem o projeto o investigador corre o risco de desviar-se do problema que quer investigar, recolhendo dados desnecessários ou deixando de obter os necessários.

O projeto de pesquisa é um plano escrito onde aparecem explícitos os seguintes itens:

a) *tema, problema* (o quê é investigado?) e *justificativa* (por que é investigado?);

b) *objetivos* (para que e para quem é investigado?);

c) *quadro de referência teórica* (fundamentado em qual conhecimento?);

d) *hipóteses, variáveis* e respectivas *definições empíricas* (que soluções ou explicações são sugeridas?);

e) *metodologia* (como, com o que ou com quem, onde?), especificando o *design, a população, a amostra, os instrumentos e o plano de coleta, tabulação e análise dos dados*;

f) descrição do *estudo piloto*;

g) *orçamento* (com quanto – que recursos financeiros são necessários?) e *cronograma* (quando – quanto tempo destinado a cada etapa?);

h) *referências bibliográficas* (que fontes foram consultadas?);

i) *anexos*: modelo dos instrumentos.

O projeto, ou o plano, é um documento o máximo sintético e objetivo que apresenta os principais itens que compõem a investigação para uma pré-avaliação de sua viabilidade. A necessidade de elaborar o projeto tem em vista atender a dois objetivos: o primeiro é o de proporcionar ao investigador o planejamento do que vai executar, prevendo os passos e as atividades que devem ser seguidos; o segundo é o de proporcionar condições para uma avaliação externa feita por outros pesquisadores.

Para tanto há a necessidade de que todos os itens do projeto atendam aos requisitos e exigências requeridas pela comunidade científica. É necessário enunciar com clareza o problema, explicitando e definindo as variáveis que estão presentes no estudo. Através da justificativa demonstra-se a relevância de se investigar o problema proposto, tendo em vista uma situação prática ou uma situação teórica. A pertinência das hipóteses deve ser demonstrada pela sua adequação com o quadro de referência teórica apresentado. A revisão bibliográfica deve ser atualizada e englobar a análise das obras básicas relacionadas ao problema investigado. A viabilidade e a pertinência da metodologia proposta para a testagem das hipóteses deve ser apresentada, explicitando os procedimentos utilizados para o controle ou manipulação das variáveis e a seleção e a representatividade da amostra. Os tipos de análise ou de testes estatísticos também devem ser previstos, adequados à natureza das variáveis a serem medidas e aos recursos de informatização disponíveis. Deve-se explicar os tipos de instrumentos que serão utilizados, se são questionários com questões abertas ou fechadas, formulários de entrevistas, fichas de observação ou outros, anexando-se, ao final do projeto, um modelo. O plano deve traçar também como, quando e onde será realizado o estudo piloto para o pré-teste do projeto global. Outro item importante é o detalhamento do orçamento, prevendo as despesas com recursos humanos e materiais e o cronograma que especifica os prazos para cada fase da investigação.

Após estar pronto o plano, analisada a sua viabilidade em termos de custos, tempo e metodologia, executa-se o estudo piloto com uma amostra que possua características semelhantes às da população que será estudada. O estudo piloto poderá fornecer valiosos subsídios para o aperfeiçoamento dos instrumentos de pesquisa ou para os procedimentos de coleta de dados.

5.2.3 Terceira etapa: a execução do plano

Executado o estudo piloto, se necessário, introduzem-se as correções e se inicia a **etapa** seguinte, a **terceira**, que é a da **execução do plano**, com a **testagem** propriamente dita **das hipóteses**, executando-se o experimento ou a coleta de dados. Se a pesquisa utilizar entrevistadores há a necessidade de treiná-los previamente. O treinamento dos entrevistadores visa uniformizar os procedimentos de ação, procurando neutralizar ao máximo a interferência de fatores estranhos no resultado da investigação.

Executada a fase da coleta, inicia-se o processo de tabulação, com a digitação dos dados, aplicação dos testes e análise estatística e avaliação das hipóteses. A análise estatística, através da análise descritiva ou dos testes de hipótese que avaliam a relação entre as variáveis, deve servir para afirmar se as hipóteses são ou não rejeitadas, especificando, se possível, os níveis de significância de sua aceitação ou rejeição. Através da análise estatística pode-se estabelecer uma apreciação com juízos de valor sobre as relações entre as variáveis, tendo em vista o problema investigado e o marco teórico que serviu de referência.

5.2.4 Quarta etapa: a construção do relatório de pesquisa

A *quarta* e a última *etapa* é dedicada à *construção do relatório da pesquisa* que serve para o pesquisador relatar à comunidade científica, ou ao destinatário de sua pesquisa, o que obteve com sua investigação, os procedimentos utilizados, as dificuldades, as limitações e os resultados obtidos.

O relatório da pesquisa será objeto específico do próximo capítulo.

A pesquisa, como se viu, é resultado de um processo de busca de conhecimentos já produzidos pela ciência, de reflexão, de uso da imaginação, de preocupação com o rigor. Não há uma receita pronta para ser aplicada genericamente para orientar qualquer investigação. Como foi dito no capítulo que trata sobre o método científico, os procedimentos que serão adotados em uma investigação dependerão da natureza do problema investigado, de suas variáveis, de suas definições, das condições e competência do investigador, do estado da arte em que se encontra a área de conhecimento em que se insere o problema investigado, dos recursos financeiros e tempo disponível. A preocupação que deve estar presente em uma pesquisa é que ela adquira o caráter de cientificidade, fugindo dos processos comuns adotados no conhecimento do senso comum. A cientificidade, como já foi visto, não está na sofisticação do uso de equipamentos ou procedimentos estatísticos, mas na capacidade crítica e criativa de elaboração e teste de hipóteses e de explicações. Todos os procedimentos devem ser conduzidos de tal forma que a capacidade crítica seja otimizada, não proporcionando condições para a proteção tendenciosa dos resultados.

O fluxo da exposição que deu um apanhado geral das diferentes etapas que devem ser executadas para se realizar uma pesquisa não garante essa cientificidade, mas, certamente, se seguido com seriedade, auxilia e facilita a sua obtenção.

Leituras complementares

Em primeiro lugar, é preciso saber formular problemas. E, digam o que disserem, na vida científica os problemas não se formulam de modo espontâneo. É justamente esse sentido do *problema* que caracteriza o verdadeiro espírito científico. Para o espírito científico, todo conhecimento é resposta a uma pergunta. Se não há pergunta, não pode haver conhecimento científico. Nada é evidente. Nada é gratuito. Tudo é construído (BACHELARD, 1996, p. 18).

Precisar, retificar, diversificar são tipos de pensamento dinâmico que fogem da certeza e da unidade, e que encontram nos sistemas homogêneos mais obstáculos do que estímulo. Em resumo, o homem movido pelo espírito científico deseja saber, mas para imediatamente questionar (BACHELARD, 1996, p. 21).

6 A ESTRUTURA E A APRESENTAÇÃO DOS RELATÓRIOS DE PESQUISA

> Em trabalhos científicos a originalidade não está na forma, mas sim no conteúdo (CASTRO, 1976, p. 1).

A finalidade de um relatório de pesquisa é a de comunicar os processos desenvolvidos e os resultados obtidos em uma investigação, dirigido a um leitor ou público-alvo específico, dependendo dos objetivos a que se propôs. Os relatórios de pesquisa podem ser feitos de várias formas: através de um artigo sintético para ser publicado em algum periódico, através de uma monografia com objetivos acadêmicos (monografia de conclusão de disciplinas ou de cursos de graduação, dissertação de mestrado ou tese de doutorado) ou na forma de uma obra para ser publicada. Além dos elementos que envolvem uma produção textual e que seguem a orientação da linguística aplicada, que respeita os estilos individuais de quem redige e expressa um pensamento carregado de significação, há os elementos objetivos ligados à coerência lógica, coesão textual e normas técnicas padronizadas e convenções tradicionais que devem ser respeitadas.

Há determinadas convenções padronizadas, decorrentes do uso acadêmico, literário e científico, que acabaram por se transformar em normas e em modelos formais que devem ou podem ser seguidos. Esse capítulo abordará esses modelos e normas, tratando da estrutura de um relatório de pesquisa e das formas de como deve ou pode ser apresentado.

6.1 TIPOS DE RELATÓRIOS DE PESQUISA CIENTÍFICA

Os *relatórios de pesquisa*, também chamados de *trabalhos científicos*, são tratados na literatura específica com sentidos diversos, gerando, muitas vezes, ambiguidade de interpretações.

Há relatórios elaborados com fins acadêmicos e com fins de divulgação científica. É usual os professores universitários solicitarem a seus alunos um "trabalho científico", sem especificarem, muitas vezes, o que realmente pretendem. Costuma-se incluir como "trabalho científico" diferentes tipos de trabalhos: resumos, resenhas, ensaios, artigos, projetos de pesquisa, relatórios de pesquisa, monografias, dissertações e teses, desenvolvidos e apresentados em cursos de graduação, especialização, mestrado e doutorado. O adjetivo "científico" é atribuído genericamente a estes tipos de trabalhos, confundindo-se muitas vezes a cientificidade com o cumprimento das normas e padrões de sua estrutura e apresentação. Convém lembrar que a cientificidade[52] não tem nada a ver com estas normas e padrões, que são produto ou de normalização oficial, ou de padrões que o uso acabou transformando em convenções universalmente aceitas. Tanto uma quanto outra, no entanto, restringem-se apenas à estrutura e à forma de sua apresentação, tendo em vista comunicar os processos e os resultados da pesquisa a um público-alvo ou a determinado destinatário.

O que há de comum em todos esses tipos de trabalhos científicos, excetuando-se o resumo e a resenha, é que todos são obrigatoriamente "monográficos", isto é, como relatos de pesquisas já efetuadas, no todo ou em parte, devem versar sobre *o problema* delimitado que foi investigado e desenvolvido com atitude científica. Investiga-se **um** problema (*mono*), e não dois ou vários.

Escreve-se (*grafein*), portanto, sobre *o problema* investigado, quer seja sob a forma de um artigo, de uma "monografia" de final de curso, ou de uma dissertação de mestrado ou tese de doutorado. Nesse sentido são todos relatórios de pesquisa, necessariamente "monográficos" e "científicos", com uma estrutura básica comum e algumas diferenças pertinentes ao nível de profundidade da investigação, ao nível da exigência acadêmica em que são desenvolvidos, aos seus objetivos e a alguns aspectos formais tendo em vista a finalidade de sua apresentação.

A *NBR 14724*, de julho de 2001, define a dissertação e a tese nos seguintes termos:

> *Dissertação:* Documento que representa o resultado de um trabalho experimental ou exposição de um estudo científico retrospectivo, de tema único e bem delimitado em sua extensão, com o objetivo de reunir, analisar e interpretar informações. Deve evidenciar o conhecimento de literatura existente sobre o assunto e a capacidade de sistematização do candidato. É feito sob a coordenação de um orientador (doutor), visando a obtenção do título de mestre.

> *Tese:* Documento que representa o resultado de um trabalho experimental ou exposição de um estudo científico de tema único e bem delimitado. Deve ser elaborado com base em investigação original, constituindo-se em real contribuição para a especialidade em questão. É feito sob a coordenação de um orientador (doutor) e visa a obtenção do título de doutor, ou similar.

---

52. Ver capítulo sobre "Ciência e método: uma visão histórica", onde é tratada a questão da cientificidade, bem como o capítulo anterior, que trata do planejamento da pesquisa.

Trataremos, neste capítulo, da estrutura básica comum que deve ter um trabalho científico, quer seja uma monografia, uma dissertação ou uma tese, enquanto relatório dos processos desenvolvidos, dos resultados alcançados, objetivos, limitações e alcance da investigação já efetuada em torno de um problema objeto da pesquisa.

6.2 A ESTRUTURA DOS RELATÓRIOS DE PESQUISA CIENTÍFICA

Um relatório de pesquisa compreende as seguintes partes:

a) elementos pré-textuais:

– capa
– folha de rosto
– errata (opcional)
– folha de aprovação
– dedicatória (opcional)
– agradecimentos (opcional)
– epígrafe (opcional)
– resumo na língua vernácula
– resumo na língua estrangeira (*abstract*)
– sumário
– lista de ilustrações (opcional)

b) elementos textuais:

– introdução: apresentação do problema investigado, objetivos, justificativa, metodologia utilizada, citação do marco de referência teórica, quadro das hipóteses;

– corpo do trabalho (desenvolvimento): detalhamento do problema, exposição da revisão bibliográfica e do marco de referência teórica, detalhamento das hipóteses com suas variáveis, definições e indicadores, descrição da população e plano de amostragem, apresentação e discussão dos resultados, avaliação crítica das hipóteses e do referencial teórico, acrescido de tabelas, gráficos, quadros e ilustrações;

– conclusão: retomada do problema com a síntese das conclusões e avaliação das limitações da pesquisa;

– notas: observações, complementações ao texto, indicações bibliográficas que podem aparecer ao pé da página, no final da parte ou de todo o texto;

– citações: menção, através da transcrição ou paráfrase direta ou indireta, das informações colhidas em outras fontes que foram consultadas;

c) elementos pós-textuais:

– referências bibliográficas: lista ordenada das referências bibliográficas das obras citadas, consultadas ou indicadas pelo autor no texto;

– apêndice (opcional): texto ou informações complementares elaborados pelo autor;

– anexo (opcional): documento acrescentado para provar, ilustrar ou fundamentar o texto;

– glossário (opcional): lista em ordem alfabética de palavras ou expressões técnicas de uso restrito ou de sentido obscuro, utilizadas no texto, com as respectivas definições.

6.2.1 Elementos pré-textuais

6.2.1.1 A folha de rosto

A folha de rosto contém os elementos essenciais à identificação do trabalho. Deve iniciar com os dados da instituição a que está vinculada a investigação, colocados na parte superior da folha: Universidade, faculdade, curso ou departamento. Centrado no meio da folha coloca-se o título do trabalho e logo abaixo o nome do autor ou autores. No caso de teses e dissertações especifica-se o nome do orientador. Na base da folha escreve-se o local e a data.

FIGURA 10 – Exemplo de folha de rosto
Trabalhos científicos e relatórios de pesquisa

UNIVERSIDADE DE CAXIAS DO SUL
CENTRO DE FILOSOFIA E EDUCAÇÃO
CURSO DE PEDAGOGIA

CONTRIBUIÇÕES DA IMIGRAÇÃO ITALIANA PARA
O DESENVOLVIMENTO SOCIOCULTURAL
DO ESTADO DO RIO GRANDE DO SUL

Antônio Borba Filho

Caxias do Sul
1977

No anverso da folha de rosto devem figurar os seguintes elementos, dispostos na seguinte ordem:

a) nome do autor;

b) título principal do trabalho;

c) subtítulo, se houver, precedido de dois-pontos;

d) número de volumes (se houver mais de um);

e) natureza (tese, dissertação, monografia e outros) e objetivo (aprovação...);

f) nome do orientador;

g) local da instituição onde deve ser apresentado;

h) ano de depósito (da entrega).

No verso da folha de rosto deve figurar a ficha catalográfica, conforme catálogo de Catalogação Anglo-Americano - CCAA2.

FIGURA 11 – Exemplo de folha de rosto – anverso
Teses e dissertações

FRANCISCO SALVADOR

O DESENVOLVIMENTO INDUSTRIAL DO POLO METAL-MECÂNICO E A MODERNIZAÇÃO TECNOLÓGICA

Dissertação apresentada para obtenção do título de Mestre em Economia junto ao Programa de Mestrado em Economia da Universidade de Caxias do Sul

Orientador: Dr. Sadi Antônio Coimbra

Caxias do Sul
1996

Não há normas rígidas estabelecidas para esses modelos de folha de rosto. Há determinados padrões próprios de cada instituição que se adaptam aos critérios universais.

6.2.1.2 Folha de aprovação

Contém autor, título por extenso, local e data de aprovação, nome, assinatura e instituição dos membros componentes da banca examinadora.

6.2.1.3 Dedicatória

A dedicatória é opcional. Serve para indicar as pessoas às quais se dedica ou oferece o trabalho. Aparece após a folha de aprovação, nas teses e dissertações; nos outros trabalhos após a folha de rosto.

6.2.1.4 Agradecimentos

Serve para nomear as pessoas às quais se deve gratidão, em função de algum tipo de colaboração dada à investigação. Em geral constam os nomes dos orientadores da tese ou monografia, colaboradores, categoria de pessoas entrevistadas, instituições financiadoras. Essa folha também é opcional.

6.2.1.5 Abstract

É o resumo da investigação, destacando de forma concisa as partes mais relevantes do trabalho, tais como o problema, os procedimentos utilizados, as hipóteses e o principal resultado alcançado. Além de apresentar uma visão clara e rápida do conteúdo e conclusões do trabalho, através de uma sequência de frases concisas e objetivas, serve para ser publicado em catálogos de divulgação acadêmica ou científica. O *abstract* não pode ultrapassar uma lauda (500 palavras). No caso de dissertações de mestrado ou teses de doutorado há necessidade de se apresentar também a tradução em, no mínimo, uma língua estrangeira, de acordo com a orientação da instituição a que se vincula o curso.

6.2.1.6 Sumário

O sumário fornece a enumeração das principais divisões, secções e outras partes do trabalho, na mesma ordem em que se sucedem no texto, indicando o número da primeira página ou das páginas extremas de cada parte (início e término), destacando-se a subordinação dos itens através de recursos tipográficos (ver Figura 12).

6.2.1.7 Lista de ilustrações

Se houver tabelas, gráficos ou ilustrações deve-se listá-los, especificando o número, o título e indicando as páginas em que se encontram no texto.

FIGURA 12 – Exemplo de sumário

SUMÁRIO

Introdução 7

1 O conhecimento científico 12

  1.1 Conhecimento do senso comum 13

    1.1.1 Solução de problemas imediatos, e espontaneidade 16

    1.1.2 Caráter utilitarista 19

    1.1.3 Subjetividade e baixo poder de crítica 22

    1.1.4 Linguagem vaga e baixo poder de crítica 24

    1.1.5 Desconhecimento dos limites de validade 27

  1.2 O conhecimento científico 30

    1.2.1 Busca de princípios explicativos e visão unitária da realidade 33

    1.2.2 Dúvida, investigação e conhecimento 35

2. Ciência e método: uma visão histórica 36

  2.1 Ciência: controle prático da natureza e domínio sobre os homens ou busca do saber? 39

  2.2 Ciência e método: suas concepções 43

    2.2.1 Ciência e método: a visão grega 47

    2.2.2 Ciência e método: a abordagem da ciência moderna 50

    2.2.3 A visão contemporânea de ciência e método: a incerteza e a ruptura com o cientificismo 53

    2.2.4 A aplicação do método científico: um estudo de caso 55

3 Leis e teorias 60

  3.1 Natureza, objetivos e funções das leis e teorias 62

  3.2 As vantagens que oferecem as teorias 65

  3.3 O caráter hipotético das teorias 70

4 Problemas, Hipóteses e Variáveis 73

  4.1 A delimitação do problema de pesquisa 77

  4.2 A construção de hipóteses 80

  4.3 Níveis de hipóteses 82

Conclusão 95

Referências bibliográficas 102

6.2.2 Elementos textuais

6.2.2.1 Introdução

O objetivo principal da introdução é situar o leitor no contexto da pesquisa. O leitor deverá perceber claramente o que foi analisado, como e por que, as limitações encontradas, o alcance da investigação e suas bases teóricas gerais. Ela tem, acima de tudo, um caráter didático de apresentar o que foi investigado, levando-se em conta o leitor a que se destina e a finalidade do trabalho.

Numa introdução consideram-se os seguintes aspectos:

a) o *problema* deve ser proposto para o leitor de uma forma clara e precisa. Geralmente é apresentado em forma de enunciado interrogativo, situando a dúvida dentro do contexto atual da ciência ou perante uma dada situação empírica. Deve ficar clara para o leitor a natureza do problema investigado, as variáveis que o compõem, que tipo de relação foi analisada;

b) os *objetivos* delimitam a pretensão do alcance da investigação, o que se propõe fazer, que aspectos pretende analisar. Os objetivos podem servir como complemento para a delimitação do problema;

c) a *justificativa* destaca a importância do tema abordado tendo em vista o estágio atual da ciência, as suas divergências polêmicas ou a contribuição que pretende proporcionar a pesquisa para o problema abordado;

d) as *definições* pertinentes à compreensão do problema devem ser explicitadas. Apenas as estritamente necessárias devem ser colocadas;

e) a *metodologia* deve esclarecer a forma que foi utilizada na análise do problema proposto. Em pesquisas descritivas e experimentais se detalha os principais procedimentos, técnicas e instrumentos utilizados na coleta de dados das observações ou dos testes das hipóteses, de tal forma que o leitor tenha uma visão do roteiro utilizado; quem lê deve ter os elementos necessários para poder compreender, identificar e avaliar os procedimentos utilizados na investigação. A caracterização da amostra também faz parte desta descrição;

f) o *marco teórico* deve ser citado de uma forma sintética na introdução, apenas servindo para o leitor identificar a linha teórica que serviu de base para a pesquisa, uma vez que o seu detalhamento é feito no corpo do trabalho;

g) as *hipóteses,* no caso das pesquisas descritivas e experimentais, devem ser apresentadas, como as possíveis soluções ou explicações que orientaram o processo da investigação, mostrando o que a pesquisa pretendeu testar. Não há hipóteses se a pesquisa for exploratória ou bibliográfica;

h) as *dificuldades* ou *limitações* devem ser expostas, desde que relevantes.

A introdução deve ser formulada em uma linguagem simples, clara e sintética, colocando aquilo que é necessário para que o leitor tenha uma ideia objetiva do que vai ser tratado.

6.2.2.2 Desenvolvimento

O desenvolvimento é a demonstração lógica de todo o trabalho de pesquisa. Se for deixada de lado a introdução e a conclusão, ele deverá subsistir sozinho. Isso significa que o desenvolvimento retoma o problema inicial da introdução, especificado agora sob a forma de enunciado interrogativo que estabelece as relações entre as variáveis, apresenta o resultado dos testes, avaliando as hipóteses e colocando as principais conclusões da investigação.

De acordo com as características do problema, das técnicas utilizadas e do estilo do autor, pode-se dividir o desenvolvimento em tantas partes quantas forem necessárias, utilizando-se para isso os capítulos, as seções e as subseções, tendo o cuidado de não perder a unidade.

Uma parte do desenvolvimento pode ser dedicada à exposição do problema, ao detalhamento de suas variáveis e à explicitação da metodologia utilizada. Nos relatórios de pesquisas experimentais ou descritivas procura-se transformar o problema lançado a um nível teórico na introdução em problema empírico. Isto é feito apresentando os enunciados básicos utilizados ou as definições usadas para traduzir as variáveis do nível teórico e abstrato ao nível empírico observacional. As hipóteses, as variáveis e suas definições empíricas devem estar claramente evidenciadas, bem como todos os procedimentos relevantes utilizados na testagem, de tal forma que o leitor possa reconstruir mentalmente (ou, se quisesse, empiricamente) como a pesquisa foi feita. Convém não colocar, porém, no desenvolvimento, a explicação exaustiva dos métodos e técnicas utilizados, mas apenas sua indicação, ou o resultado do que foi obtido, como é o caso dos testes para avaliar a fidedignidade e a validade dos instrumentos.

Noutra parte pode-se apresentar o resultado da revisão da literatura. É importante que o autor mostre que obras foram consultadas, explicitando o estado atual dos conhecimentos produzidos na área investigada e que teorias serviram de base para fundamentar a escolha das hipóteses. A exposição objetiva da fundamentação teórica e a demonstração do seu domínio crítico é um dos itens integrantes da demonstração de cientificidade.

A exposição dos dados obtidos na investigação e sua utilização para discutir e avaliar as hipóteses e confrontar com os conhecimentos científicos anteriores pode ser feita em outra parte destinada à exposição e discussão dos resultados. Nesta parte pode o autor dispor dos gráficos, tabelas, quadros, testes estatísticos e ilustrações para expor suas provas e efetuar a avaliação de suas hipóteses, utilizando a argumentação lógica para demonstrar seus resultados. Deve-se salientar que o objetivo de um escrito científico não é o de convencer, mas o de demonstrar com provas e com argumentos lógicos. Todas as conclusões, portanto, deverão ser pertinentes e restritas aos limites permitidos pela investigação. Tanto os resultados positivos quanto os negativos devem ser mostrados, com a respectiva interpretação.

Nos relatórios de pesquisa estritamente bibliográficos, que se restringem à análise de conteúdo, no desenvolvimento o problema é retomado e analisado à luz dos conhecimentos, teorias e informações relevantes colhidos na revisão da literatura. Objetiva o desenvolvimento, nessas pesquisas, explicar, discutir, criticar e demonstrar a pertinência desses conhecimentos e teorias no esclarecimento, solução ou explicação do problema proposto, analisando e extraindo conclusões sobre suas deficiências ou qualidades explicativas, bem como propor interpretações teóricas originais e inovadoras.

6.2.2.3 Conclusão

A conclusão tem também sua estrutura própria. Ela deve retomar o problema inicial lançado na introdução, revendo as principais contribuições que trouxe a pesquisa.

A conclusão apresenta o resultado final, global da investigação, avaliando seus pontos fracos ou positivos através da reunião sintética das principais ideias desenvolvidas ou conclusões parciais obtidas. Assim como a introdução, a conclusão não entra nos detalhes operacionais dos conceitos utilizados, mas apenas aborda as conclusões parciais do desenvolvimento inter-relacionando-as num todo unitário, tendo em vista o problema inicial. O cuidado que se deve ter é o de a conclusão nunca extrapolar os resultados do desenvolvimento. O resultado final deve ser decorrência natural do que já foi demonstrado.

Afirmou-se que a ciência não é um todo acabado, mas que está em contínua construção. É natural, pois, que a pesquisa não esgote por completo o tema investigado e que o autor, então, aponte, na conclusão, os problemas decorrentes do tema investigado. Futuras pesquisas poderão se beneficiar dessas indicações. A conclusão, apesar de ser o fecho de um trabalho de pesquisa, não o é da ciência!

6.2.2.4 Notas

As notas servem para o autor apresentar indicações bibliográficas, fazer observações, definições de conceitos ou complementações ao texto.

As notas podem aparecer no pé da página, no final de capítulos, de partes ou do próprio texto. São numeradas sequencialmente em algarismos arábicos, ao longo do texto ou dentro de cada unidade. Devem ser apresentadas em corpo e entrelinha menores que os do texto. Quando em rodapé ficam separadas do texto por um espaço em branco ou por um filete de 2cm a 3cm.

6.2.2.5 Citações

As citações são menções, através da transcrição ou paráfrase direta ou indireta (citação de citação), das informações retiradas de outras fontes que foram consultadas. Um texto, segundo Eco (1983, p. 121), é citado para ser interpretado ou para apoio a uma interpretação. As citações funcionam como juízes das afirmações feitas num trabalho, servindo para corroborá-las. Por isso elas devem ser claras, exatas, rigorosas e utilizadas com austeridade: apenas quando servem para demonstrar a tese do autor[53].

6.2.3 Elementos pós-textuais

6.2.3.1 Referências bibliográficas

É o conjunto padrozinado dos elementos descritivos que permitem a identificação, no todo ou em parte, das fontes citadas no texto. Podem ser de documentos de fontes impressas ou eletrônicas, tais como livros, periódicos, jornais, monografias, CDs, sites e demais fontes. É a lista ordenada das referências das fontes citadas, consultadas ou indicadas pelo autor no texto. Segundo a ABNT, podem ser colocadas no rodapé, no fim do texto ou de capítulo, ou em lista bibliográfica sinalética ou analítica. Cabe ao autor escolher a forma que melhor lhe convier. Deve-se, porém, uma vez escolhido, adotar sempre o mesmo sistema no decorrer de todo o trabalho.

6.2.3.2 Apêndice

É utilizado para colocar textos ou informações complementares elaborados pelo autor, tais como tabelas complementares e modelos de instrumentos.

---

53. Ver adiante a exposição das normas para a apresentação de citações – NBR 10520.

6.2.3.3 Anexo

Documento não elaborado pelo autor, acrescentado para provar, ilustrar ou fundamentar o texto.

6.3 O ARTIGO CIENTÍFICO: ESTRUTURA E APRESENTAÇÃO

O artigo é a apresentação sintética, em forma de relatório escrito, dos resultados de investigações ou estudos realizados a respeito de uma questão.

O objetivo fundamental de um artigo é o de ser um meio rápido e sucinto de divulgar e tornar conhecidos, através de sua publicação em periódicos especializados, a dúvida investigada, o referencial teórico utilizado (as teorias que serviram de base para orientar a pesquisa), a metodologia empregada, os resultados alcançados e as principais dificuldades encontradas no processo de investigação ou na análise de uma questão.

Os problemas abordados nos artigos podem ser os mais diversos: podem fazer parte quer de questões que historicamente são polemizadas, quer de problemas teóricos ou práticos novos.

O artigo tem a seguinte **estrutura**: identificação, *abstract*, palavras-chave, artigo (corpo), referências bibliográficas, anexos ou apêndices (quando necessário) e data.

Identificação:

– título do trabalho;

– autor;

– qualificação do autor (profissional e acadêmica: o que faz, local de trabalho e qual é a sua titulação acadêmica mais elevada)[54].

Abstract (resumo):

Em poucas frases apresenta-se o resumo do que foi pesquisado, os objetivos pretendidos, a metodologia utilizada e os resultados alcançados. Para publicação em pe-

---

54. O currículo, agradecimentos e data de entrega dos originais devem aparecer em rodapé na página de abertura ou como nota editorial no final do artigo.

riódicos o *abstract* deve ser apresentado também em idioma estrangeiro de grande divulgação, geralmente em inglês.

Palavras-chave:

Termos (palavras ou frases curtas) que indicam o conteúdo do artigo, em português e em idioma estrangeiro estabelecido.

Artigo (corpo):

– *introdução:* apresenta e delimita a dúvida investigada (problema de estudo – *o quê*), os objetivos (*para que* serviu o estudo), a metodologia usada no estudo (*como*) e que autores, obras ou teorias serviram de base teórica para construir a análise do problema;

– *desenvolvimento e demonstração dos resultados:* esta parte do artigo serve para o autor:

a) fazer uma *exposição* e uma *discussão* das teorias que foram utilizadas para entender e esclarecer o problema, apresentando-as e relacionando-as com a dúvida investigada;

b) apresentar as conclusões alcançadas, com as respectivas demonstrações dos argumentos teóricos e/ou de resultados de provas experimentais que as sustentam;

– *conclusão:* comentários finais avaliando o alcance e limites do estudo desenvolvido.

O corpo do artigo pode ser dividido em tantos itens quantos forem necessários, de acordo com a natureza do trabalho elaborado.

Referências bibliográficas:

Lista-se as referências bibliográficas pertinentes a todas as citações feitas, de acordo com as normas da ABNT.

Anexos ou apêndices (quando necessário).

Data do artigo (se for uma comunicação apresentada em algum simpósio ou congresso, especificar o local e o nome do evento).

Tendo em vista que o artigo se caracteriza por ser um trabalho extremamente sucinto, exige-se que tenha algumas qualidades: linguagem correta e precisa, coerência na argumentação, clareza na exposição das ideias, objetividade, concisão e fidelidade às fontes citadas. Para que essas qualidades se manifestem é necessário, principalmente, que o autor tenha um elevado conhecimento a respeito do que está escrevendo.

Leitura complementar

El objetivo de la investigación científica es resolver nuestras preguntas sobre los cómos y los porqués de los fenómenos naturales. La investigación científica procede mediante un proceso de interacción dialéctica entre preguntas y respuestas. [...] La apertura de nuevas líneas de investigación e indagación es una de las principales ventajas del nivel alcanzado por una ciencia y se cuenta, como tal, entre sus virtudes. El acabamiento es el sello de la pseudociencia, [...] (RESCHER, 1994, p. 34 e 53).

7 A APRESENTAÇÃO DOS RELATÓRIOS DE PESQUISA: NORMAS E ORIENTAÇÕES

A finalidade de um relatório de pesquisa é comunicar os resultados obtidos na investigação. A sua apresentação formal obedece a normas técnicas padronizadas e a determinados formalismos que devem ser seguidos. As orientações, sugestões e normas aqui apresentadas, complementando as orientações dadas na seção 6.2, além de fundamentadas na tradição acadêmica e científica, seguem a **NBR 6023**, de agosto de 2000, a **NBR 14274** e a **NBR 10520**, de julho de 2001.

7.1 DISTRIBUIÇÃO DO TEXTO NA FOLHA

7.1.1 Paginação

Todas as folhas devem ser contadas sequencialmente, embora nem todas sejam numeradas, a partir da folha de rosto. As folhas devem ser numeradas com números arábicos, a partir da primeira folha da parte textual, colocados no canto superior direito da folha, a 2 cm da borda superior, ficando o último algarismo a 2cm da borda direita. As páginas que iniciam capítulos, partes ou divisões, as chamadas páginas capitulares, são contadas mas não numeradas.

7.1.2 Papel, margens e espaçamento

Para a datilografia ou digitação são utilizadas as folhas A4, tamanho 210mm x 297mm.

Há dois modelos de distribuição do texto na folha: um modelo serve para as páginas capitulares, isto é, que iniciam partes com título próprio e com uso de nova página, e o outro modelo para as páginas de continuação. A diferença da forma está na margem superior, em que se deixa 8cm de margem superior entre o texto e a borda nas páginas capitulares e 3cm nas demais. A margem esquerda deve ser de 3 cm e a da direita e a inferior de 2cm. As Figuras de 13 e 14 e mostram os dois modelos com os detalhes das margens que devem ser obedecidos.

Todo o texto deve ser digitado com 1,5 de entrelinhas, recomendando-se a utilização do corpo 12 para o texto e 10 para as citações longas e notas de rodapé. Essas últimas e as referências bibliográficas são digitadas em espaço simples (1,0). Deixam-se dois espaços duplos entre os títulos que encabeçam as partes e subdivisões e entre o texto e o início de uma citação longa.

FIGURA 13 – Modelo de página capitular

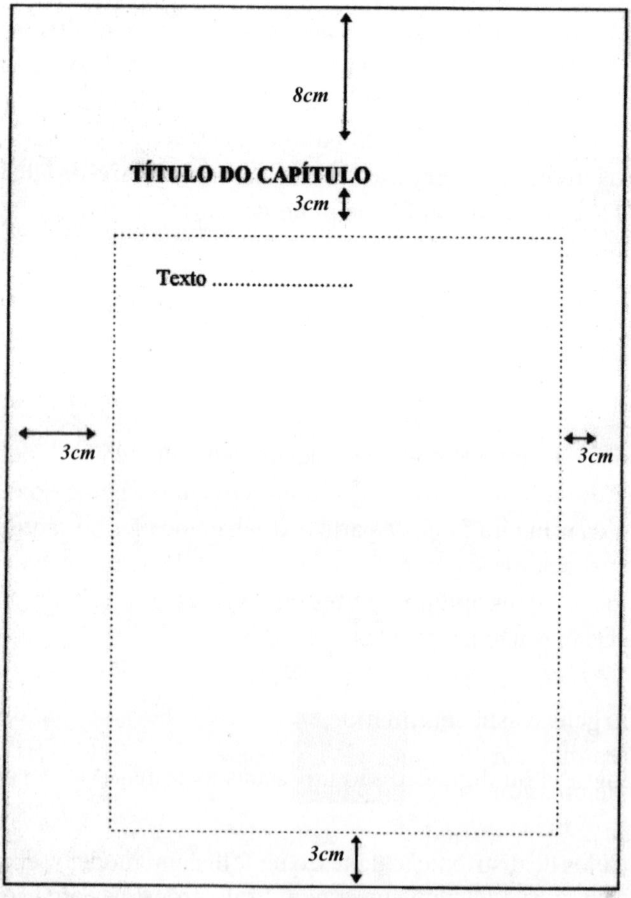

FIGURA 14 – Modelo de página de continuação

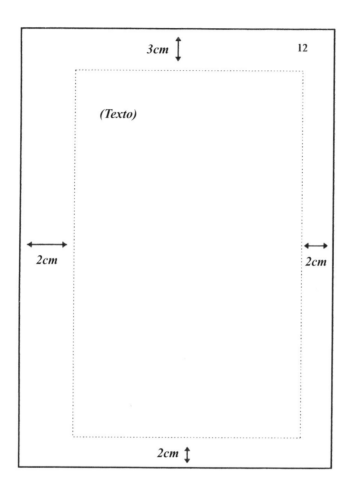

7.1.3 Citações: forma de apresentação

As citações podem ser sob a forma de *transcrição*, em que se reproduz o texto, ou de *paráfrase*, em que se usa a citação livre do texto, sem reprodução. Elas podem ser diretas, quando reproduzem diretamente o texto original, ou citação de citação, quando são retiradas de uma fonte intermediária (utilizando-se a expressão apud).

As transcrições de até três linhas são inseridas no próprio texto e devem ser colocadas entre aspas duplas.

Exemplo de transcrição direta:

> Por isso, o conhecimento do senso comum caracteriza-se por ser elaborado de forma *espontânea e instintiva*. No dizer de Buzzi (1972, p. 46-47) "...é um conhecer e um representar a realidade tão colado, tão solidário à própria realidade, que o homem quase não se distancia dela; é quase pura vida, de modo que, tomado isolado do processo da vida [...] de quem o elaborou, resulta a-lógico".

Exemplo de paráfrase:

> [...] No plano vertical, que liga o pensamento com a realidade, busca-se a correspondência desses enunciados com a realidade fenomenal. O conhecimento é o produto do encadeamento desses dois planos, *pela oscilação cíclica do espírito entre tais juízos e a posição da realidade fenomenal* (MOLES, 1971, p. 552).

Exemplo de transcrição de fonte intermediária:

> Segundo Wricht (apud HEGENBERG, 1976, p. 174), a indução pode ser caracterizada da seguinte forma: "...do fato de que algo é verdade, relativamente a certo número de elementos de uma dada classe, conclui-se que o mesmo será verdade, relativamente a elementos desconhecidos da mesma classe".

As transcrições com mais de três linhas constituem um parágrafo isolado, destacadas com recuo de 4cm da margem esquerda, com letra menor que a do texto utilizado e sem aspas.

Exemplo de transcrição com mais de três linhas:

> A imagem inteligível do mundo proporcionada pela ciência é construída à imagem da razão e apenas contrastada com esse mundo exterior. Bachelard (1974, p. 19) afirma que
>
>> A ciência suscita um mundo, não mais por um impulso mágico, imanente à realidade, mas antes por um impulso racional imanente ao espírito. Após ter formado, nos primeiros esforços do espírito científico, uma razão à imagem do mundo, a atividade espiritual da ciência moderna dedica-se a construir um mundo à imagem da razão. A atividade científica realiza, em toda a força do termo, conjuntos racionais.
>
> Para que haja ciência há necessidade de dois aspectos: um subjetivo, o que cria, o que projeta, ...

A fonte de uma citação, que deve sempre ser indicada (transcrição ou paráfrase), pode aparecer no texto, no rodapé ou em lista no fim do texto ou do capítulo. De acordo com a norma **NBR 10520**, as citações devem ser indicadas no texto ou por um *sistema numérico* ou pelo *autor-data*. O sistema que for escolhido deverá ser adotado uniformemente em todo o trabalho.

No sistema numérico as citações devem ter numeração única e consecutiva para todo o trabalho ou por capítulo. A primeira citação deve ter sua referência bibliográfica completa e as subsequentes podem ser referenciadas de forma abreviada, desde que não haja referências intercaladas de outras obras do mesmo autor. As referências subsequentes são indicadas utilizando-se as seguintes expressões latinas, de acordo com cada caso:

apud (citado por, conforme, segundo);
ibidem ou ibid. (na mesma obra);
idem ou id. (igual à anterior);
opus citatum ou op. cit. (obra citada);
passim (aqui e ali);
sequentia ou seq. (seguinte ou que segue).

No sistema autor-data, indica-se a fonte pelo sobrenome do autor ou pela instituição responsável ou, ainda, pelo título de entrada, seguido da data da publicação e, quando for o caso, da(s) página(s) ou seção(ões), separados por vírgula e colocados entre parênteses.

Exemplos:

> [...] O conhecimento é o produto do encadeamento desses dois planos, "pela oscilação cíclica do espírito entre tais juízos e a posição da realidade fenomenal" (MOLES, 1971, p. 552).

> Popper (1977, p. 93) nos fornece essa interpretação ao afirmar que um enunciado científico é objetivo quando, alheio às crenças pessoais, puder ser apresentado à crítica, à discussão, e puder ser intersubjetivamente submetido a teste.

7.2 REFERÊNCIAS BIBLIOGRÁFICAS: NORMAS DE APRESENTAÇÃO

7.2.1 Definições e localização

As normas a seguir apresentadas seguem a **NBR 6023**, de agosto de 2000, que estabelece as condições exigíveis para referenciar as publicações citadas nos trabalhos científicos, ou relacionadas em bibliografias, resumos e recensões.

As referências bibliográficas, de acordo com a **NBR 6023**, são "o conjunto de elementos que permitem a identificação, no todo ou em parte, de documentos impressos ou registrados em diversos tipos de material", utilizados como fonte de consulta e citados nos trabalhos elaborados.

Uma referência bibliográfica tem elementos *essenciais* e *complementares*. Os essenciais são os indispensáveis para a identificação das fontes das citações de um trabalho; os complementares são os opcionais que podem ser acrescentados aos essenciais para melhor caracterizar as publicações referenciadas. Esses elementos devem ser retirados, sempre que possível, da folha de rosto (página de rosto) ou de outras fontes equivalentes.

As referências bibliográficas podem aparecer em diferentes locais do texto:

a) em notas de rodapé;

b) no fim de texto ou de capítulo;

c) em lista bibliográfica sinalética ou analítica;

d) encabeçando resumos, resenhas ou recensões.

No caso de servirem para indicar as fontes das citações utilizadas, pode-se utilizar, como sistema de chamada, como já foi visto anteriormente, um *sistema numérico ou de autor-data* no texto[55].

Cabe ao autor escolher a forma que melhor lhe convier. A mesma forma, porém, deve ser adotada no decorrer de todo o trabalho.

7.2.2 Ordem dos elementos

As especificações a seguir identificam os elementos essenciais e complementares[56] e estabelecem a ordem para a sua apresentação.

---

55. Ver normas e orientações específicas sobre as citações.

56. Os elementos complementares aparecem seguidos de asterisco.

7.2.2.1 Obras monográficas (livros, folhetos, separatas, dissertações, teses, etc.) consideradas no todo:

a) autor da publicação;

b) título do trabalho (em destaque: itálico, negrito ou sublinhado);

c) indicações de responsabilidade* (organizador, tradutor, revisor, etc.);

d) número da edição;

e) imprenta (local da edição, editor e ano de publicação);

f) descrição física* (número de páginas ou volumes), ilustração e dimensão;

g) série ou coleção*;

h) notas especiais*;

i) ISBN*.

Exemplo com os elementos complementares:

DIAS, Gonçalves. *Gonçalves Dias: poesia.* Organizada por Manuel Bandeira; revisão crítica por Maximiniano de Carvalho e Silva. 11. ed. Rio de Janeiro: Agir, 1983. 87 p. il. 16 cm (Coleção Nossos clássicos, 18). Bibliografia: p. 77-78. ISBN 85-220-0002-6.

Exemplo com os elementos essenciais:

DIAS, Gonçalves. *Gonçalves Dias: poesia.* 11. ed. Rio de Janeiro: Agir, 1983.

Outros exemplos:

KERLINGER, Fred Nichols. *Metodologia da pesquisa em ciências sociais: um tratamento conceitual.* Trad. Helena Mendes Rotundo. Revisão técnica de José Roberto Malufe. São Paulo: EPU/EDUSP, 1980.

ou

KERLINGER, Fred Nichols. *Metodologia da pesquisa em ciências sociais: um tratamento conceitual.* São Paulo: EPU/EDUSP, 1980.

ECO, Umberto. *Como se faz uma tese.* Trad. Gilson Cesar Cardoso de Souza. Revisão de Plínio Martins Filho. São Paulo: Perspectiva, 1983.

ou

ECO, Umberto. *Como se faz uma tese.* São Paulo: Perspectiva, 1983.

BARCELOS, M.F.P. *Ensaio tecnológico, bioquímico e sensorial de soja e guandu enlatados no estádio verde e maturação de colheita.* 1998. 160 f. Tese (Doutorado em Nutrição) – Faculdade de Engenharia de Alimentos, Universidade Estadual de Campinas, Campinas.

MUSEU DA IMIGRAÇÃO (São Paulo, SP). *Museu da Imigração – S. Paulo:* catálogo. São Paulo, 1997. 16 p.

7.2.2.2 Partes de obras monográficas sem autoria especial (trechos, fragmentos, volumes, etc.):

a) autor da obra;

b) título da obra;

c) número da edição;

d) imprenta (local da publicação, editor e ano de publicação);

e) descrição física* (número de páginas ou volumes);

f) localização da parte referenciada.

Exemplos:

SOARES, Fernandes, BURLAMAQUI, Carlos Kopke. *Pesquisas brasileiras, 1º e 2º graus.* São Paulo: Formar, 1972. 3 v. V. 3: Dados estatísticos, microrregiões.

ou

SOARES, Fernandes, BURLAMAQUI, Carlos Kopke. *Pesquisas brasilerias, 1º e 2º graus.* São Paulo: Formar, 1972, V. 3: Dados estatísticos, microrregiões.

7.2.2.3 Partes de obras monográficas com autoria própria:

a) autor da parte referenciada;

b) título da parte referenciada;

c) referência da publicação no todo (título da obra, local da publicação, editor e ano de publicação) precedida de In;

d) localização da parte referenciada.

Exemplos:

ORLANDO FILHO, José, LEME, Edson José de A. Utilização agrícola dos resíduos da agroindústria canavieira. In: SIMPÓSIO SOBRE FERTILIZANTES NA AGRICULTURA BRASILEIRA, 1984, Brasília. *Anais* ... Brasília: EMBRAPA, Departamento de Estudos e Pesquisas, 1984. 642 p. p. 451-475.

FERNANDES, Florestan. Conceito de sociologia. In: CARDOSO, Fernando Henrique, IANNI, Octavio. *Homem e sociedade*. 4. ed. São Paulo: Nacional, 1968. Parte 1, cap. 1, p. 25-34.

AGRAMONTE, Roberto. El homem y la sociedad. In: —. *Sociologia*. 5. ed. La habana: Cultural, 1949. v. 1, cap. 2, p. 21-39.

SOUSA, Otávio Tarquíno de. José Bonifácio. In: —. *História dos fundadores do Império do Brasil*. Rio de Janeiro: José Olympio, 1960. v. 5.

7.2.2.4 Publicações periódicas (seriados) consideradas no todo (revistas, jornais, etc.):

a) título da revista;

b) local da publicação;

c) editor (entidade responsável, se não constar do título e/ou editor comercial);

d) data (ano) do primeiro volume e, se a publicação cessou, também do último;

e) periodicidade* (semanal, mensal, bimestral, etc. ou frequência irregular);

f) notas especiais* (títulos anteriores, indicação de resumos, etc.)

g) ISBN*.

Exemplos:

EDUCAÇÃO E CIÊNCIAS SOCIAIS. Rio de Janeiro: Centro Brasileiro de Pesquisas Educacionais, 1956.

CHRONOS. Teoria da ciência e metodologia da pesquisa. Caxias do Sul: Universidade de Caxias do Sul, v. 26, n. 1/2, p. 1-122, jan./dez. 1993.

INVESTIGACIÓN Y CIENCIA. Barcelona: Prensa Científica, n. 242, nov. 1996.

7.2.2.5 Parte de publicações periódicas (seriados) (fascículos, suplementos, números especiais, etc.):

a) título da coleção;

b) título do fascículo, suplemento de número especial, se houver;

c) local e editor;

d) indicação de volume, número e data;

e) número total de páginas do fascículo*, etc.;

f) nota indicativa do tipo de fascículo*.

Exemplos:

CONJUNTURA ECONÔMICA. As 500 maiores empresas do Brasil. Rio de Janeiro: FGV, v. 38, n. 9, set. 1984. 135 p. Edição especial.

PESQUISA POR AMOSTRA DE DOMICÍLIOS. Mão de obra e previdência. Rio de Janeiro: IBGE, v. 7, 1983. Suplemento.

7.2.2.6 Artigos, etc. em revistas:

a) autor do artigo;

b) título do artigo;

c) título da revista;

d) título do fascículo, suplemento ou número especial, quando houver;

e) local de publicação;

f) número do volume, fascículo, páginas inicial e final do artigo;

g) mês (ou equivalente) e ano (do fascículo, suplemento ou número especial).

Exemplos:

SALOMON, Délcio Vieira. Tentativa e limitações da lógica na formulação do problema. *Kriterion.* Belo Horizonte, v. 71, n. 24, p. 45-74, dez. 1978.

ROSENBERG, Steven. Inmunoterapia del cáncer. *Investigación y ciencia.* Barcelona: Prensa Científica, n. 116, p. 26-41, jul. 1990.

TEIXEIRA, João de Fernandes. Inteligência artificial e caça aos andróides. *Cadernos de história e filosofia da ciência.* Campinas, série 3, v. 4, n. 1, p. 1-138, jan./jun. 1994.

MOURA, Alexandrina Sobreira de. Direito de habitação às classes de baixa renda. *Ciência & Trópico,* Recife, v. 11, n. 1, p. 71-78, jan./jun. 1983.

METODOLOGIA do Índice Nacional de Preços ao Consumidor – INPC. *Revista Brasileira de Estatística,* Rio de Janeiro, v. 41, n. 162, p. 323-330, abr./jun. 1980.

DAMASIO, Antonio R. y DAMASIO, Hanna. El cerebro y el lenguaje. *Investigación y ciencia.* Barcelona: Prensa Científica, n. 194, p. 58-67, nov. 1992.

7.2.2.7 Artigos, etc. em jornais:

a) autor do artigo;

b) título do artigo;

c) título do jornal;

d) local de publicação;

e) data (dia, mês e ano);

f) descrição física (número ou título do caderno, seção, suplemento, páginas do artigo referenciado e número de ordem das colunas)*.

Exemplos:

COUTINHO, Wilson. O Paço da Cidade retorna ao seu brilho barroco. *Jornal do Brasil*, Rio de Janeiro, 6 mar. 1985. Caderno B, p. 6.

BIBLIOTECA climatiza seu acervo. *O Globo*, Rio de Janeiro, 4 mar. 1985. p. 11, c. 4.

SANTOS, J. Alves dos. Por que luta Portugal na África? *O Estado de S. Paulo,* São Paulo, 28 mai. 1967. p. 64.

CAMPOS, Roberto. Distributivismo e racionalidade. *Zero Hora*, Porto Alegre, 29 dez. 1996, p. 16.

7.2.2.8 Acórdãos, decisões e sentenças das Cortes ou Tribunais:

a) nome ou local (país, estado ou cidade);

b) Nome da Corte ou Tribunal;

c) Ementa ou acórdão;

d) Tipo do recurso (agravo de instrumento, agravo de petição, apelação civil, apelação criminal, embargo, "habeas corpus", mandado de segurança, recurso extraordinário, recurso de revista, etc.);

e) partes litigantes;

f) nome do relator, precedido da palavra "Relator";

g) data do acórdão, sempre que houver;

h) indicação ou publicação que divulgou o acórdão, decisão, sentença, etc., de acordo com as regras cabíveis nas normas;

i) voto vencedor e voto vencido*.

Exemplo:

BRASIL. Supremo Tribunal Federal. Deferimento de pedido de extradição. Extradição n. 410. Estados Unidos da América e José Antonio Fernandez. Relator: Ministro Rafael Mayer. 21 de março de 1964. *Revista Trimestral de Jurisprudência* [Brasília], v. 109, p. 870-879, set. 1984.

7.2.2.9 Leis, decretos, portarias, etc.

a) nome do local (país, estado ou cidade);

b) título (especificação da legislação, n. e data);

c) ementa;

d) indicação da publicação oficial.

Exemplo:

BRASIL. Decreto-Lei n. 2423, de 7 de abril de 1988. Estabelece critérios para pagamento de gratificações e vantagens pecuniárias aos titulares de cargos e empregos da Administração Federal direta e autárquica e dá outras providências. *Diário Oficial* [*da República Federativa do Brasil*], Brasília, v. 126, n. 66, p. 6009, 8 abr. 1988. Seção 1, pt. 1.

7.3 REFERÊNCIAS DE FONTES OBTIDAS ATRAVÉS DE MEIOS ELETRÔNICOS

Quando alguma obra for consultada *online* deve-se referenciar a obra (obra considerada no todo ou parte dela, artigo, jornais, leis, congressos e todas as demais fontes) com sua respectiva ordenação, seguida da expressão "Disponível em:" acrescida do endereço eletrônico colocado entre os sinais < > seguido da expressão "Acesso em:" e data

Exemplos:

POLÍTICA. In: DICIONÁRIO da língua portuguesa. Lisboa: Priberam Informática, 1988. Disponível em: <http://www.priberam.pt/dlDDPO>. Acesso em 8 mar. 1999.

SILVA, M.M.L. Crimes da era digital. **NET**, Rio de Janeiro, nov. 1988. Seção Ponto de Vista. Disponível em: <http://www.brazilnet.com.br/contexts.brasilrevistas.htm>. Acesso em: 28 nov. 1988.

SILVA, I.G. Pena de morte para o nascituro. **O Estado de S. Paulo**, São Paulo 19 set. 1988. Disponível em: <http://www.providafamília.org/pena-morte-nascituro.htm>. Acesso em: 19 set. 1988.

CONGRESSO DE INICIAÇÃO CIENTÍFICA DA UFPe, 4., 1996, Recife. **Anais eletrônicos...** Recife: UFPe, 1996. Disponível em: <http://www.propesq.ufpe.br/ anais/ anais/educ/ce04.htm>. Acesso em: 21 jan. 1997.

7.4 DOCUMENTO DE ACESSO EXCLUSIVO EM MEIO ELETRÔNICO

Inclui bases de dados, listas de discussão, BBS (site), arquivos em disco rígido, disquetes, programas e conjuntos de programas, mensagens eletrônicas entre outros.

Elementos essenciais: autor, denominação ou título e subtítulo (se houver) do serviço ou produto, indicações de responsabilidade, endereço eletrônico e data de acesso, conforme 7.3.

Exemplos:

– banco de dados:
BIRDS from Amapá: banco de dados. Disponível em: <http://www.bdt.org/bdt/avifauna/aves>. Acesso em: 28 nov. 1998.

– lista de discussão:
BIOLINE Discussion List. List maintained by the Bases de Dados Tropical., BDT in Brasil. Disponível em <lisserv@bdt.org.br>. Acesso em: 25 nov. 1998.

– catálogo comercial em *homepage*:
BOOD ANNOUNCEMENT 13 MAY 1997. Produced by J. Drummond. Disponível em: <http://www.bdt.org.br/bioline/DBSearch?BIOLINE-L+READC+57>. Acesso em: 25 nov. 1998.

– *Homepage* institucional:
CIVITAS. Coordenação de Simão Pedro P. Marinho. Desenvolvido pela Pontifícia Universidade Católica de Minas Gerais, 1995-1998. Apresenta textos sobre urbanismo e desenvolvimento de cidades. Disponível em: <http://www.gcsnet.com.br/oamis/civitas>. Acesso em: 27 nov. 1998.

– arquivo em disquete:
UNIVERSIDADE FEDERAL DO PARANÁ. Biblioteca Central. *Normas.doc.* Normas para apresentação de trabalhos. Curitiba, 7 de mar. 1998. 5 disquetes, 3 1/2 pol. Word for Windows 7.0.

– base de dados:
UNIVERSIDADE FEDERAL DO PARANÁ. Biblioteca de Ciência e Tecnologia. *Mapas* Curitiba, 1997. Base de Dados em Microlsis, versão 3.7.

– programa (*software*):
MICROSOFT Project for Windows 95, version 4.1:project planning software. [S.I.]: Microsoft Corporation, 1995. Conjunto de programas. 1 CD-ROM.

– *software* educativo:

PAU no gato! Por quê? Rio de Janeiro: Sony Music Book Case Multimídia Educational, [1990]. 1 CD-ROM. Windows 3.1.

– e-mail:

ACCIOLY, F. *Publicação eletrônica* [mensagem pessoal]. Mensagem recebida por <mtmendes@uol.com.br> em 26 jan.2000.

7.5 REFERÊNCIA DE FONTES DE IMAGEM EM MOVIMENTO (FILMES, FITAS DE VÍDEO, DVD E OUTROS)

Elementos essenciais: título, subtítulo, créditos (diretor, produtor, realizador, roteirista e outros).

Elementos complementares: sistema de reprodução, indicadores de som e cor e outras informações relevantes.

Exemplo de videocassete:

OS PERIGOS do uso de tóxicos. Produção de Jorge Ramos de Andrade. Coordenação de Maria Izabel Azevedo. São Paulo: CERAVI 1983. 1 fita de vídeo (30 min) VHS, son., color.

Exemplo de filme longa-metragem em DVD:

BLADE Runner. Direção: Ridley Scott. Produção: Michael Deeley. Intérpretes: Harrison Ford; Rudtger Hauer; Sean Young; Edward James Olmos e outros. Roteiro: Hamton Fancher e David Peoples. Música: Vangelis. Los Angeles: Warner Brothers, 11991. 1 DVD (117 min). Windscreen, color, Produzido por Warmer Video Home. Baseado na novela "Do androids dream of electric sheep?" de Philip K. Dick.

7.6 DOCUMENTO ICONOGRÁFICO

Refere-se a documentos bidimensionais de obra de arte, fotografia, desenho técnico, diapositivo, diafilme, material estereográfico, transparência, cartaz entre outros.

Elementos essenciais: autor, título (quando existir), data, características físicas (suporte, cor, dimensões). Ao final da referência pode-se acrescentar notas relativas a outros dados necessários para identificar o documento. Quando o documento estiver em forma impressa ou em meio eletrônico, acrescentam-se os dados da publicação ou o endereço eletrônico.

Exemplos:

KOBAYASHI, K. *Doença dos xavantes.* 1980. 1 fot., color. 16 cm x 56 cm.

MATTOS, M.D. Paisagem – Quatro Barras, 1987. 1 original de arte, óleo sobre tela, 40cm x 50 cm. Coleção particular.

VASO.TIFF. Altura: 1083 pixels. Largura: 827 pixels. 300 dpi. 32 BIT CMYK. 3,5 Mb Formato TIFP bitmap. Compactado. Disponível em: <C:\Carol\VASO.TIFF> 1999; Acesso em: 28 out. 1999.

DATUM CONSULTORIA E PROJETOS. *Hotel Porto do Sol São Paulo:* ar-condiciona-do e ventilação mecânica: fluxograma hidráulico, central de água gelada. 15 jul. 1996. Projeto final. Desenhista Pedro. N. da obra 1744/96/Folha 10.

7. 7 DOCUMENTO CARTOGRÁFICO

Inclui atlas, mapa, globo, fotografias aéreas entre outros. As referências seguem os mesmos padrões dos documentos monográficos, acrescidos das informações téc-nicas e formato.

Exemplos:

INSTITUTO GEOGRÁFICO E CARTOGRÁFICO (São Paulo, SP). *Regiões de gover-no do Estado de São Paulo.* São Paulo, 1994. Plano Cartográfico do Estado de São Paulo. Escala 1:2.000.

BRASIL e parte da América do Sul: mapa político, escolar, rodoviário, turístico e regio-nal. São Paulo: Michalany, 1981. 1 mapa, color., 79 cm x 95 cm. Escala 1:600.000.

LANDSAT TM 5. São José dos Campos: Instituto Nacional de Pesquisas Espaciais, 1987-1988. Imagem de Satélite. Canais 3, 4 e composição colorida 3, 4 e 5. Escala 1:1000.000.

7.8 NORMAS COMPLEMENTARES E GERAIS DE APRESENTAÇÃO

Transcrevemos, a seguir, as regras e normas gerais que complementam a apresen-tação, normatizadas pela NBR 6023[57]:

> – Os elementos gerais e complementares da referência devem ser apresentados em sequência padronizada.

---

57. A numeração progressiva da NBR 6023 foi adequada à sequência deste capítulo, não conferindo, por-tanto, com o original.

– As referências são alinhadas somente à margem esquerda e de forma a se identificar individualmente cada documento.

– O recurso tipográfico (negrito, grifo ou itálico) utilizado para destacar o elemento título deve ser uniforme em todas as referências de um mesmo documento.

7.8.1 Pontuação

7.8.1.1 Deve-se usar uma forma consistente de pontuação para todas as referências incluídas numa lista ou publicação. Os vários elementos da referência bibliográfica (nome do autor, título da obra, edição, imprenta e notas especiais) devem ser separados entre si por uma pontuação uniforme. Os subelementos, dentro de um elemento, também devem ser separados por uma pontuação uniforme. P. ex.:

ORTIZ, Luiz Patrício. *Região de Presidente Prudente: vinte anos de alta evasão populacional.* São Paulo: SEADE, 1983, p. il.

7.8.1.2 Emprega-se vírgula entre o sobrenome e o nome do autor (pessoa física), quando invertido.

7.8.1.3 Ligam-se por hífen as páginas inicial e final da parte referenciada, bem como as datas limites de determinado período da publicação. P. ex.:

BOLETIM GEOGRÁFICO, Rio de Janeiro: IBGE, 1943-1978.

7.8.1.4 Ligam-se por barra transversal os elementos do período coberto pelo fascículo referenciado. P. ex.:

BOLETIM BIBLIOGRÁFICO [do IBGE]. Rio de Janeiro, v. 9/11, n. 1/4, jan./dez. 1976/1978.

7.8.1.5 Indicam-se entre colchetes os elementos que não figuram na obra referenciada.

7.8.1.6 Empregam-se reticências nos casos em que se faz supressão de parte do título.

7.8.2 Tipos e corpos

Deve-se usar uma forma consistente de destaque tipográfico para todas as referências incluídas numa lista ou publicação.

7.8.3 Autor

7.8.3.1 Pessoas físicas

7.8.3.1.1 Indica(m)-se o(s) autor(es) físico(s) geralmente com a entrada pelo último sobrenome e seguido do(s) prenome(s). Em casos de exceção, consultar as fontes adequadas (catálogos de bibliotecas, indicadores, bibliografias, etc.) P. ex.:

LIMA, Rubens Rodrigues.

SANTOS, Eurico.

7.8.3.1.2 Os nomes são transcritos tal como figuram no trabalho referenciado. P. ex.:

BILAC, Olavo (e não BILAC, Olavo Brás Martins dos Guimarães).

7.8.3.1.3 Quando a obra tem até três autores, mencionam-se todos na entrada, na ordem em que aparecem na publicação. P. ex.:

MAIA, Tom, CALMON, Pedro, MAIA, Thereza Regina de Camargo.

7.8.3.1.4 Se há mais de três autores, mencionam-se até os três primeiros, seguidos da expressão et alii. P. ex.:

ALMEIDA, José da Costa et alii.

ALMEIDA, José da Costa, VARGAS, Feliciano et alii.

ALMEIDA, José da Costa, VARGAS, Feliciano, LOBATO, Maria Luisa et alii.

7.8.3.1.5 Obras constituídas de vários trabalhos ou contribuições de vários autores entram pelo responsável intelectual (organizador, coordenador, etc.) se em destaque na publicação, seguido da abreviação da palavra que caracteriza o tipo de responsabilidade, entre parênteses. Em bibliografia, deve-se fazer remissiva do título. P. ex.:

CUNHA, Antônio (coord.).

7.8.3.1.6 Em caso de autoria desconhecida, entra-se pelo título. O termo "anônimo" não deve ser usado como substituto para o nome do autor desconhecido.

7.8.3.1.7 No caso de obra publicada sob pseudônimo, este deve ser adotado na referência. Quando o verdadeiro nome for conhecido, é indicado entre colchetes, depois do pseudônimo. P. ex.:

TUPINANBÁ, Marcelo [Fernando Lobo].

7.8.3.2 Entidades coletivas (órgãos governamentais, empresas, congressos, etc.)

7.8.3.2.1 As obras de responsabilidade de entidades coletivas têm geralmente entrada pelo título, com exceção de anais de congressos e de trabalhos de cunho administrativo, legal, etc. P. ex.:

BIBLIOTECA NACIONAL (Brasil). *Relatório da diretoria-geral, 1984.* Rio de Janeiro, 1985. 40 p. ISBN 85-7017-041-6.

CONGRESSO BRASILEIRO DE BIBLIOTECONOMIA E DOCUMENTAÇÃO, 10, 1979, Curitiba. *Anais ...* Curitiba: Associação Bibliotecária do Paraná, 1979. 3 v.

7.8.3.2.2 Quando a entidade coletiva tem uma denominação genérica, seu nome é precedido pelo órgão superior. P. ex.:

BRASIL. MINISTÉRIO DAS Minas e Energia. Departamento de Administração.

IBGE. Centro de Serviços Gráficos.

7.8.3.2.3 Quando a entidade coletiva, embora vinculada a um órgão maior, tem uma denominação específica que a identifica, entra-se diretamente pelo seu nome. Em caso de ambiguidade, coloca-se entre parênteses no final o nome da unidade geográfica a que pertence. P. ex.:

INSTITUTO NACIONAL DE ESTATÍSTICA (Brasil).

INSTITUTO NACIONAL DE ESTATÍSTICA (Portugal).

INSTITUTO MÉDICO LEGAL (RJ).

INSTITUTO MÉDIDO LEGAL (SP).

7.8.4 Título

O título é reproduzido tal como figura na obra ou trabalho referenciado, transliterado, se necessário.

7.8.4.1 Supressões no título

7.8.4.1.1. Em títulos demasiadamente longos, podem-se suprimir algumas palavras, desde que a supressão não incida sobre as primeiras e não altere o sentido. Esta supressão é indicada por reticências.

7.8.4.1.2 Os subtítulos podem ser suprimidos, a não ser que forneçam informação essencial sobre o conteúdo do documento.

7.8.4.1.3 Se há mais de um título ou se ele aparece em mais de uma língua, registra-se aquele que estiver em destaque ou em primeiro lugar.

7.3.4.2 Acréscimos ao título

7.8.4.2.1 Quando necessário, faz-se a tradução do título, entre colchetes, em seguida ao título.

7.8.4.2.2 Quando necessário, acrescentam-se ao título outras informações na forma como aparecem na publicação. P. ex.:

PENA, Luiz Carlos Martins. *Comédias de Martins Pena.* Edição crítica por Darcy Damasceno com a colaboração de Maria Figueiras. [Rio de Janeiro: Tecnoprint, 1966].

7.8.4.3 Título de seriados

7.8.4.3.1 No caso de periódicos como um todo, o título é sempre o primeiro elemento da referência, e mesmo quando há um autor, pessoa física ou entidade coletiva. P. ex.:

REVISTA BRASILEIRA DE BIBLIOTECONOMIA E DOCUMENTAÇÃO. São Paulo: FEBAB, 1973-Semestral.

7.8.4.3.2 No caso de periódico com título genérico, incorpora-se o nome da entidade autora ou editora, ligados por uma flexão gramatical, entre colchetes. P. ex.:

BOLETIM MENSAL [da Bolsa de Valores do Paraná].

7.8.4.3.3 Quando necessário, abreviam-se os títulos dos periódicos, conforme a NBR 6032. P. ex.:

REVISTA BRASILEIRA DE GEOGRAFIA = R. bras. geogr.

CONJUNTURA ECONÔMICA = Conj. eco.

7.8.5 Edição

7.8.5.1 Indica-se a edição, quando mencionada na obra, em algarismo(s) arábico(s), seguido(s) de ponto e da abreviatura da palavra "edição" no idioma da publicação. P. ex.:

2. ed.
2. Aufl.
5th ed.

7.8.5.2 Indicam-se emendas e acréscimos à edição, de forma abreviada. P. ex.:

2. ed. ver.
2. ed. ver. aum.

7.8.6 Imprenta

7.8.6.1 Local de publicação

7.8.6.1.1 O nome do local (cidade) deve ser indicado tal como figura na publicação referenciada.

– No caso de homônimos, acrescentam-se o nome do país, estado, etc. P. ex.:

Viçosa, MG
Viçosa, RN
San Juan, Chile
San Juan, Porto Rico

– Quando há mais de um local, para um só editor, indica-se o mais destacado.

– Quando a cidade não aparece na publicação, mas pode ser identificada, indica-se entre colchetes.

– Não sendo possível determinar o local, indica-se entre colchetes [S.l.] *(Sine loco)*.

7.8.6.2 Editor

– O nome do editor deve ser grafado tal como figura na publicação referenciada, abreviando-se os prenomes, e suprimindo-se outros elementos que designam a natureza jurídica ou comercial deste, desde que dispensáveis à sua identificação. P. ex.:

J. Olympio (e não Livraria José Olympio Editora)
Kosmos (e não Kosmos Editora ou Livr. Kosmos)

– Quando há mais de um editor, indica-se o mais destacado. Se os nomes dos editores estiverem em igual destaque, indica-se o nome do primeiro. Os nomes dos demais podem ser também registrados com os respectivos locais.

– Quando o editor não aparece na publicação, mas pode ser identificado, indica-se entre colchetes.

– Quando o editor não é mencionado, pode-se indicar o impressor. Na falta de editor e impressor, indica-se, entre colchetes [s.n.] *(sine nomine).*

– Quando o local e o editor não aparecem na publicação, indica-se entre colchetes [S.l.: s.n.].

– Não se indica o nome do editor quando ele é o autor.

7.8.6.3 Data

– Indica-se sempre o ano de publicação em algarismos arábicos. P. ex.: 1985 (e não 1.985 ou MCMLXXXV).

– Se nenhuma data de publicação, distribuição, "copyright", impressão, etc. puder ser determinada, registre uma data aproximada entre colchetes. P. ex.:

[1981?]   para data provável

[ca. 1960]   para data aproximada

[197-]   para década certa

[18--]   para século certo

[18--?]   para século provável

– Nas referências bibliográficas de monografias em vários volumes, periódicos ou publicações seriadas consideradas no todo, indica-se a data inicial seguida de:

a) hífen, no caso de monografias e periódicos em curso de publicação. P. ex.:

1978-

b) hífen e data do último volume publicado, em caso de publicação encerrada. P. ex.:

1973-1975.

– Os meses devem ser abreviados no idioma original da publicação.

– Não se abreviam os meses designados por palavras de quatro ou menos letras.

– Se a publicação indicar, em lugar dos meses, as estações do ano ou as divisões do ano em trimestres, semestres, etc., transcrevem-se as primeiras tal como figuram na publicação e abreviam-se as últimas. P. ex.:

Summer 1987   2. trim. 1987

7.8.7 Descrição física

7.8.7.1 Número de páginas ou volumes

– Quando a publicação só tem um volume, indica-se o número de páginas, seguido da abreviatura "p.". P. ex.:

260 p.

– Quando a publicação tem mais de um volume, indica-se o número destes seguido da abreviatura "v.". P. ex.:

3 v.

– Se o número dos volumes bibliográficos diferir do número dos volumes físicos, registrar, p. ex., da seguinte forma:

8 v. em 5

– Só se indicam as páginas numeradas em algarismos romanos quando elas contêm matéria relevante, grafando-se em minúsculas. P. ex.:

xxii, 438 p.

– Os números das páginas inicial e final, de parte de publicações avulsas e de artigos de periódicos, são precedidos da abreviatura "p.". P. ex.:

p. 7-112

– Quando a publicação não for paginada, ou paginada irregularmente, registra-se da seguinte forma: "não paginada" ou "paginação irregular".

7.8.7.2 Material especial

Registra-se o número de unidades físicas do material que está sendo descrito, dando o número das partes em algarismos arábicos e a designação específica do material. Em caso de necessidade, pode-se indicar entre parênteses outras especificações. P. Ex.:

1 disco sonoro
2 microfichas (240 fotogramas)
4 mapas

7.8.7.3 Ilustrações

Indicam-se as ilustrações de qualquer natureza pela abreviatura "il.".

7.8.7.4 Dimensões

Indica-se a altura da publicação em centímetros e, em caso de formatos especiais, menciona-se, em seguida, a largura. P. ex.:

25 cm
14 x 30 cm

7.8.7.5 Séries e coleções

Transcrevem-se os títulos das séries ou coleções e sua numeração tal como figuram na publicação. P. ex.:

FERRAZ, Augusto. *Memórias dos condenados: contos*. Rio de Janeiro: Civilização Brasileira, 1983. 150 p. (Coleção Vera Cruz. Literatura Brasileira, 349).

7.8.8 Notas especiais

Informações suplementares que podem ser acrescentadas ao final da referência bibliográfica.

7.8.8.1 Documentos traduzidos

– Indica-se o título ou idioma original, quando mencionado, em nota especial. P. ex.:

Tradução de: ...
Original em inglês.

SHELDON, Sidney. *Um estranho no espelho*. Tradução por Ana Lúcia Deiró Cardoso. São Paulo: Círculo do Livro, 1981. 296 p. Tradução de: *A stranger in the mirror*.

– No caso de tradução feita com base em outra tradução, indica-se, além da língua do texto traduzido, a do texto original. P. ex.:

SAADI. *O jardim das rosas* ... Tradução de Aurélio Buarque de Holanda. Rio de Janeiro: J. Olympio, 1944, 124 p. il. (Coleção Rubaiyat). Versão francesa de Franz Toussaint. Original árabe.

– Separatas, reimpressões, etc.

Transcreve-se a indicação tal como figura na publicação.

– Dissertações, teses, etc.

Faz-se a indicação do seguinte modo:

MORGADO, M.L.C. Reimplante dentário. 1990. 51 f. Monografia (Especialização) – Faculdade de Odontologia, Universidade Camilo Castelo Branco, São Paulo, 1990.

ARAUJO, U.A.M. Máscaras inteiriças Tukúna: possibilidades de estudo de artefatos de museu para o conhecimento do universo indígena, 1985. 102 f. Dissertação (Mestrado em Ciências Sociais) – Fundação Escola de Sociologia Política de São Paulo, São Paulo, 1986.

– Outras notas

Outras notas julgadas de interesse podem ser acrescentadas às previstas nesta seção, após a data. P. ex.:

mimeografado.

no prelo.

Recensão de: ...

Trabalho apresentado ao 3º Congresso ...

Resenha de: ...

ISBC ...

7.8.9 Lista ordenada de referências bibliográficas

7.8.9.1 Ordenação

A ordenação da lista dos documentos citados deve ser feita de acordo com o sistema utilizado para a citação no texto. Pode ser numérica (sistema numérico), alfabética (sistema autor-data), sistemática (por assunto) ou cronológica. As referências devem ser numeradas consecutivamente, em ordem crescente.

7.8.9.2 Autor repetido

O nome do autor de várias obras referenciadas sucessivamente deve ser substituído, nas referências seguintes à primeira, por um traço e ponto (equivalente a seis espaços). P. ex.:

FREYRE, Gilberto. *Casa grande & senzala: formação da família brasileira sob o regime de economia patriarcal.* Rio de Janeiro: J. Olympio, 1943, 2 v.

—. *Sobrados e mocambos: decadência do patriarcado rural no Brasil.* São Paulo: Ed. Nacional, 1936.

7.8.9.3 Título repetido

O título de várias edições de um documento referenciado sucessivamente deve ser substituído por um travessão nas referências seguintes à primeira. P. ex.:

FREYRE, Gilberto. *Sobrados e mocambos: decadência do patriarcado rural no Brasil.* São Paulo: Ed. Nacional, 1936. 405 p.

—. ——. 2. ed. ...

7.8.9.4 Remissivas

Nas bibliografias fazem-se remissivas "ver" e "ver também" sempre que necessário.

REFERÊNCIAS BIBLIOGRÁFICAS

ASSOCIAÇÃO BRASILEIRA DE NORMAS TÉCNICAS. *Referências bibliográficas.* NBR 6023. Rio de Janeiro, 2000.

_____. *Numeração progressiva das seções de um documento.* NBR 6024. Rio de Janeiro, 1989.

_____. *Sumário.* NBR 6027. Rio de Janeiro, 1989.

_____.. *Apresentação de originais.* NBR 12256. Rio de Janeiro, 1992.

_____. *Apresentação de citações em documentos.* NBR 10520. Rio de Janeiro, julho/2001.

_____. *Apresentação de artigos em publicações periódicas.* NBR 6022. Rio de Janeiro, 1994.

BACHELARD, Gaston. *O novo espírito científico.* Rio de Janeiro: Tempo Brasileiro, 1968.

_____. *Epistemologia.* Rio de Janeiro: Zahar, 1977.

_____. *A formação do espírito científico.* Rio de Janeiro: Contraponto, 1996.

BACON, Francis. *Novum Organum.* 2. ed. São Paulo: Abril Cultural, 1979, p. 1-231 (Coleção Os Pensadores, Victor Civita).

BOHM, David, PEAT, F. David. *Ciência, ordem e criatividade.* Lisboa: Gradiva, 1989.

BOMBASSARO, Luiz Carlos. *As fronteiras da epistemologia.* Petrópolis: Vozes, 1992.

BOUDON, Raymond. *Métodos da sociologia.* Petrópolis: Vozes, 1971.

BLALOCK, H.M. *Introdução à pesquisa social.* Rio de Janeiro: Zahar, 1973.

BRONOWSKI, Jacob. *Um sentido do futuro.* Brasília: Editora Universidade de Brasília, s.d.

BRUYNE, Paul de, HERMAN, Jacques, SCHOUTHEETE, Marc de. *Dinâmica da pesquisa em ciências sociais.* Rio de Janeiro: Francisco Alves, 1977.

_____. *As origens do conhecimento e da imaginação.* Brasília: Editora Universidade de Brasília, 1985.

_____. *Magia, ciência e civilização*. Lisboa: Edições 70, 1986.

BUNGE, Mario. *La investigación científica*. Barcelona: Colección Convivium/Ariel, 1969.

BURTT, Edwin A. *As bases metafísicas da ciência moderna*. Brasília: Editora Universidade de Brasília, 1983.

BUZZI, Arcângelo. *Introdução ao pensar*. Petrópolis: Vozes, 1972.

CAMPBELL, D.T., STANLEY, J.C. *Delineamentos experimentais e quase-experimentais de pesquisa*. São Paulo: EPU/Edusp, 1979.

CASTRO, Cláudio de Moura. *Estrutura e apresentação de publicações científicas*. São Paulo: MC-Graw Hill do Brasil, 1976.

CERVO, Amado L., BERVIAN, Pedro. *Metodologia científica*. Passo Fundo: Padre Berthier, 1972.

COLLINGWOOD, R.G. *Ciência e filosofia*. Lisboa: Presença, s.d.

COHEN, Morris, NAGEL, Ernest. *Introducción a la lógica y al método científico*. Buenos Aires: Amorrortu, 1971.

CROMBIE, A.C. *Historia de la ciencia: de San Agustin a Galileo*. 5. ed. Madri: Alianza Editorial, 1985, 2 v.

DEMO, Pedro. *Pesquisa: princípio científico e educativo*. São Paulo: Cortez/Autores Associados, 1990.

_____. *Pesquisa e construção do conhecimento: metodologia científica no caminho de Habermas*. Rio de Janeiro: Tempo Brasileiro, 1994.

_____. *Metodologia científica em ciências sociais*. São Paulo: Atlas, 1980.

DUHEM, Pierre. *La théorie phisique. Son objet – Sa structure*. 2. ed. Paris: Vrin, 1993.

_____. *Le système du monde, histoire des doctrines cosmologiques de Platon à Copernic*. (1913-1959). Paris: Vrin, 1959, 10 v.

_____. *Sozein ta fainomena. Essai sur la notion de théorie physique de Platon a Galilée (1908)*. Paris: Vrin, 1982.

_____. *Études sur Léonard de Vinci, ceux qu'il a lus et ceux qui l'ont lu* (1913). Paris: Éditions des Archives Contemporaines, 1984, 3 v.

ECO, Umberto. *Como se faz uma tese*. São Paulo: Perspectiva, 1983.

FERRARI, Alfonso Trujilo. *Metodologia da ciência*. 3. ed. Rio de Janeiro: Kennedy, 1974.

FESTINGER, L. e KATZ, D. *Los métodos de investigación en las ciencias sociales*. Buenos Aires: Paidos, 1972.

FEYERABEND, Paul. *Contra o método*. Rio de Janeiro: Francisco Alves, 1977.

FOUREZ, Gérard. *A construção das ciências. Introdução à filosofia e à ética das ciências*. São Paulo: Unesp, 1995.

GALTUNG, Johan. *Teorias y métodos de la investigación social.* Buenos Aires; Ed. Universitária de Buenos Aires, 1966, 2 v.

GOODE, W. e HATT, P. *Métodos em pesquisa social.* 3. ed. São Paulo: Companhia Editora Nacional, 1969.

GUITTON, Jean. *Deus e a ciência, em direção ao metarrealismo.* Rio de Janeiro: Nova Fronteira, 1992.

HEGENBERG, Leônidas. *Etapas de investigação científica.* São Paulo: EPU/EDUSP, 1976, 2 v.

HEMPEL, Carl G. *Filosofia da ciência natural.* Rio de Janeiro: Zahar, 1970.

_____. *La explicación científica.* Buenos Aires: Paidos, 1979.

HÜBNER, Kurt. *Crítica da razão científica.* Lisboa: Edições 70, 1993.

HUME, David. *Investigação sobre o entendimento humano.* Lisboa: Edições 70, 1989.

JAPIASSU, Hilton. *O mito da neutralidade científica.* Rio de Janeiro: Imago, 1975.

JASPERS, Karl. *Introdução ao pensamento filosófico.* São Paulo: Cultrix/EDUSP, 1975.

KAPLAN, A. *A conduta na pesquisa.* São Paulo: Herder, 1969.

KERLINGER, Fred Nichols. *Metodologia da pesquisa em ciências sociais: um tratamento conceitual.* São Paulo: EPU/EDUSP, 1980.

KÖCHE, José Carlos. Duhem: uma crítica ao método newtoniano. In: LAZAROTTO, Valentim (org.). *Teoria da ciência: diálogo com cientistas.* Caxias do Sul: EDUCS, 1996, p. 73-82.

KOPNIN, Pavel V. *A dialética como lógica e teoria do conhecimento.* Rio de Janeiro: Civilização Brasileira, 1978.

KORN, Francis, Lazarsfeld, Paul, BARTON, Allen H. Menzel Herbert. *Conceptos y variables en la investigación social.* Buenos Aires: Nueva Visión, 1973.

KOYRÉ, Alexandre. *Estudos de história do pensamento científico.* Rio de Janeiro: Forense Universitária; Brasília; Ed. da Universidade de Brasília, 1982.

_____. *Do mundo fechado ao universo infinito.* Rio de Janeiro: Forense Universitária; São Paulo: EDUSP, 1979.

_____. *Estudos galileanos.* 3. ed. México; Siglo Veintiuno, 1985.

KNELLER, George F. *A ciência como atividade humana.* Rio de Janeiro: Zahar; São Paulo; EDUSP, 1980.

KRINGS, H. et alii. *Conceptos fundamentales de filosofia.* Barcelona; Herder, 1977, 3 v.

KUHN, Thomas S. *A estrutura das revoluções científicas.* 2. ed. São Paulo: Perspectiva, 1978.

_____. *A tensão essencial.* Lisboa: Edições 70, 1989.

_____. *A revolução copernicana.* Lisboa: Edições 70, 1990.

LAKATOS, Eva Maria, MARCONI, Marina de A. *Metodologia do trabalho científico.* São Paulo: Atlas, 1983.

_____. *Metodologia científica.* São Paulo: Atlas, 1983.

LAKATOS, Imre. *A lógica do descobrimento matemático.* Rio de Janeiro: Zahar, 1978.

LAKATOS, Imre, MUSGRAVE, Alan. *A crítica e o desenvolvimento do conhecimento.* São Paulo: Cultrix/Edusp, 1979.

LAZAROTTO, Valentim (org.). *Teoria da ciência: diálogo com os cientistas.* Caxias do Sul: Educs, 1996.

LUFT, Celso Pedro. *O escrito científico: sua estrutura e apresentação.* 4. ed. Porto Alegre: Lima, 1974.

LUKASIEWICZ, Jean. *Estudios de lógica y filosofia.* Madri: Biblioteca de la Revista de Occidente, 1975.

LUCKESI, Cipriano, BARRETO, Elói, COSMA, José et al. *Fazer universidade: uma proposta metodológica.* 4. ed. São Paulo: Cortez, 1989.

MARGENEAU, H. El nuevo estilo de la ciencia. *Cultura universitária.* Caracas, Venezuela, v. 98-99, n. 156, jan./jun. 1868.

MARQUEZ, A.D. *Educação comparada – Teoria y metodologia.* Buenos Aires: El Ateneo, 1972.

MEDAWAR, P.B. Indução e intuição no pensamento científico. *Ciências e cultura.* São Paulo: Sociedade Brasileira para o Progresso da Ciência, v. 26, n. 12, p. 1105-1113, 1974.

MOLES, Abraham. *A criação científica.* São Paulo: Perspectiva/Edusp, 1971.

MOREIRA, E.D.M. et alii. *Estudos sobre Galileo Galilei.* Porto Alegre: SEC e Universidade Federal do Rio Grande do Sul, 1964.

MOULINES, C. Ulisses. *Exploraciones metacientíficas.* Madri: Alianza Editorial, 1982.

_____. *Pluralidad y recursión. Estudios epistemológicos.* Madri: Alianza Editorial, 1991.

NAGEL, Ernest. *La estructura de la ciencia.* Buenos Aires: Paidos, 1968.

NEWTON, Isaac. *Princípios matemáticos de la filosofia natural.* Madri: Alianza Editorial, 1987.

PARDINAS, F. *Metodologia y técnicas de la investigación en ciencias sociales.* México: Siglo XXI, 1961.

PEIRCE, Charles Sanders. *Semiótica e filosofia.* São Paulo: Cultrix, 1972.

POINCARÉ, Henri. *A ciência e a hipótese.* Brasília: Ed. Universidade de Brasília, 1985.

POPPER, Karl Rudolf. *A lógica da pesquisa científica.* São Paulo: Cultrix/Edusp, 1975.

_____. *Autobiografia intelectual.* São Paulo: Cultrix/Edusp, 1977.

_____. *Conhecimento objetivo*. Belo Horizonte; Itatiaia; São Paulo: Ed. da Universidade de São Paulo, 1975.

_____. *A lógica das ciências sociais*. Rio de Janeiro: Tempo Brasileiro, 1978.

_____. *Post scriptum a la lógica de la investigación científica. Realismo y el objetivo de la ciencia*. Madri: Tecnos, 1985.

_____. *El desarrollo del conocimiento científico*. Conjecturas y refutaciones. 2. ed. Buenos Aires: Paidos, 1979.

_____. *A miséria do historicismo*. São Paulo: Cultrix/Edusp, 1980.

_____. *O racionalismo crítico na política*. Brasília: Editora Universidade de Brasília, 1981.

PRIGOGINE, Ilya, STENGERS, Isabele. *A nova aliança: a metamorfose da ciê*ncia. Brasília: Editora Universidade de Brasília, 1984.

PUCHKIN, V.N. *Heurística: a ciência do pensamento criador.* Rio de Janeiro: Zahar, 1969.

RESCHER, Nicholas. *La racionalidad. Una indagación filosófica sobre la naturaleza y la justificación de la razón.* Madri: Tecnos, 1993.

_____. *Los límites de la ciencia*. Madri: Tecnos, 1994.

REY, L. *Como redigir trabalhos científicos.* São Paulo: Polígono/Edusp, 1972.

RICOEUR, Paul. *Interpretação e ideologia.* Rio de Janeiro: Francisco Alves, 1977.

ROSENBERG, Morris. *A lógica da análise do levantamento de dados.* São Paulo: Cultrix, 1976.

ROSENBERG, Steven. A inmunoterapia del cáncer. *Investigación y ciencia.* Barcelona: Prensa Científica, n. 166, jul. 1990.

RUMMEL, Francis J. *Introdução aos procedimentos de pesquisa em educa*ção. Porto Alegre: Lima, 1974.

SÁ, Elisabeth Schneider de, GAUDIE-LEY, Maria Dulce L. de M., FERREIRA, Ana Lúcia L. et alii. *Manual de normalização de trabalhos técnicos, científicos e culturais.* 2. ed. Petrópolis: Vozes, 1996.

SALOMON, Délcio V. *Como fazer uma monografia: elementos de metodologia do trabalho científico.* Belo Horizonte: Interlivros, 1973.

_____. Tentativa e limitações da lógica na formulação do problema. *Kriterion.* Belo Horizonte, v. 71, n. 24, p. 45-74, dez. 1978.

SALVADOR, Ângelo D. *Métodos e técnicas da pesquisa bibliográfica; elaboração e relatório de estudos científicos.* Porto Alegre: Sulina, 1971.

SCHRADER, Achim. *Introdução à pesquisa social empírica.* Porto Alegre: Globo/UFRGS, 1974.

SIEGEL, S. *Estatística no paramétrica.* México: Trillas, 1975.

SILVA, Rebeca Peixoto da et al. *Redação técnica*. 2. ed. Porto Alegre: Formação, 1975.

STEGMÜLLER, W. *A filosofia contemporânea*. São Paulo: EPU/Edusp, 1977, 2 v.

THUILLIER, Pierre. Ciência e subjetividade: o caso Einstein. *O correio da Unesco*. Rio de Janeiro, v. 7, n. 7, p. 24-29, jul. 1979.

_____. *De Arquimedes a Einstein. A face oculta da invenção científica*. Rio de Janeiro: Jorge Zahar, 1994.

TRAVERS, Robert M.W. *Introducción a la investigación educacional*. Buenos Aires: Paidos, 1971.

TUCKMAN, B.W. *Conducting educacional research*. Nova Iorque: Hacourt Brace Jovanovich, Inc. 1972.

VAN DALEN, D.B. e MEYER, W.J. *Manual de técnica de la investigación educacional*. Buenos Aires: Paidos, 1971.

WEATHERALL, M. *Método científico*. São Paulo: Polígono, 1970.

ZETTERBERG, Hans. *Teoria y verificación en sociologia*. 3. ed. Buenos Aires: Nueva Visión, 1973.

ZIMAN, John. *O conhecimento confiável: uma exploração dos fundamentos para a crença na ciência*. Campinas: Papirus, 1996.

Conecte-se conosco:

 facebook.com/editoravozes

 @editoravozes

 @editora_vozes

 youtube.com/editoravozes

📱 +55 24 99267-9864

www.vozes.com.br

Conheça nossas lojas:
www.livrariavozes.com.br

Belo Horizonte – Brasília – Campinas – Cuiabá – Curitiba
Fortaleza – Juiz de Fora – Petrópolis – Recife – São Paulo

EDITORA VOZES LTDA.
Rua Frei Luís, 100 – Centro – Cep 25689-900 – Petrópolis, RJ
Tel.: (24) 2233-9000 – E-mail: vendas@vozes.com.br